COLEÇÃO **e**

ensaios
eCOLOGIA **u**RBANA

COLEÇÃO **e**

ensaios
ecologia urbana

SESC SP

Lazuli
editora

COLEÇÃO e

ensaios
eCOLOGIA uRBANA

Com apresentação de Renato Janine Ribeiro

Textos originalmente publicados na *Revista E* do Sesc São Paulo

mITOS vERDES, eSTÉTICA pAULICÉIA, mEIO aMBIENTE,
nATUREZA E cIDADE, iNFÂNCIA E eCOLOGIA

Projeto gráfico: wERNER sCHULZ
Imagem da capa: eXPULSÃO DO pARAISO (DETALHE),
DE aLBRECHT dÜRER (1510)
Diagramação: aNTONIO bARBOSA
Acompanhamento gráfico: eDUARDO bURATO

Editores: eRIVELTO bUSTO gARCIA, mIGUEL DE aLMEIDA

Edição: mIGUEL DE aLMEIDA
Assistência editorial: jULIO cESAR cALDEIRA, lUDMILA vILAR
Revisão: mAURO DE bARROS

©Sesc São Paulo e Lazuli Editora

Todos os direitos reservados

São Paulo, 2004

sESC sÃO pAULO

Av. Paulista, 119
01311-903 - CP 6643 - São Paulo - SP
Tel.: (11) 3179-3400
Fax: (11) 288-6206

lAZULI eDITORA

Atendimento a livrarias:
Tel./Fax: (11) 3819-6077
comercial@lazuli.com.br
www.lazuli.com.br

ÍNDICE

pREFÁCIO — rENATO jANINE rIBEIRO	7
a lUTA pELO vERDE	15
mITOS vERDES	31
a nATUREZA dEPOIS DO hOMEM	45
tUDO cOMEÇA NA iNFÂNCIA	59
mUDANÇAS uRBANAS EM sÃO pAULO	75
a pAULICÉIA NO cARTÃO-pOSTAL	93

prefácio

por Renato Janine Ribeiro

as perguntas sobre um futuro no qual estamos, todos, imersos

Nos últimos cento e cinqüenta anos – um pouco mais, se começarmos com Auguste Comte e Karl Marx, um pouco menos, se principiarmos com Durkheim – desenvolveu-se uma separação básica no modo de pensar o mundo. Dois conceitos governam nossa compreensão dele, o de natureza, o de cultura. (Na verdade, poderíamos remontar a Kant, indo ainda mais longe; ou poderíamos voltar ao século XX, quando as duas palavras que citei passam, mesmo, a ser usadas.) Em termos simples, falamos em natureza quando pensamos na permanência; assim entendemos as ciências ditas exatas, naturais e biológicas; nenhum desses adjetivos é muito preciso, mas nenhum deles é ruim. Designam o pressuposto de que conhecemos certos assuntos a partir de um registro da ciência que depende menos de quem é o observador; depende, sim, mas menos; por isso, conhecer a natureza (e mesmo a natureza no homem, que é a biologia) pode se fazer com certa exatidão. Daí que a essas ciências se costume dar um valor de verdade, e uma posição de poder, e concessões de verbas, maiores do que às ciências humanas.

Porque o conhecimento do ser humano fica mais do lado da cultura, termo que aqui mais ou menos coincide com educação, formação, história: somos, como lembra a psicanálise, seres que nascemos incompletos. O animal vem ao mundo com instintos mais adequados do que nós para sobreviver sem a sociedade. Nós, ao contrário, precisamos ser educados e formados, necessitados de aprendizado e, por causa disso, mudamos com o tempo. O humano, sem a sociedade, morre. Podemos até ter sonhos (ou pesadelos) com crianças selvagens, com humanos sem sociedade, como é o caso de Tarzan ou de Robinson Crusoé; mas mesmo eles suprem a sociedade que não têm, o primeiro aprendendo a ler – espantosamente – só de olhar livros, o segundo construindo um mundo no qual, mesmo antes de lhe chegar o presente que é Sexta-Feira, tudo o que o convívio humano tem de positivo ele já foi capaz de construir. Mesmo o solitário carrega consigo uma sociedade.

Esta precocidade de nosso nascimento e este caráter incompleto com que vimos ao mundo têm uma vantagem – força-nos a pensar – e um preço: somos frágeis. Tudo o que construímos é humano, apenas humano. Até um tempo atrás nos socorríamos na transcendência, na convicção de que Deus nos elegera como destinatários de toda a Criação: tudo teria sido feito para nós. Hoje somos menos ingênuos. Acreditamos que as pessoas mudam conforme as condições sociais, históricas, ambientais também. Este é o mundo da cultura. E é este o campo em que trabalham as ciências humanas e sociais.

Estamos então divididos entre um conhecimento que se pretende mais sólido e outro que se sabe mais instável. O melhor exemplo desta divisão, que no caso chega a ser um conflito, é o combate que hoje se trava para saber qual disciplina explicará nossa psique. Por um lado, a psicologia e a antropologia enfatizam o caráter social e histórico do homem – por outro, as ciências biológicas investem pesadamente, inclusive com muito dinheiro, na idéia de que nossas emoções e ações têm forte base natural. Projetos como o Genoma Humano, disciplinas como as neurociências partem desse pressuposto. As fronteiras entre natureza e cultura estão sob fogo, como procurei expor em meu artigo *Fronteiras que mudam: a cultura ameaçada pela natureza*, que abre o livro, organizado por Adauto Novaes, *Homem-máquina* (São Paulo: Companhia das Letras, 2003).

Mas, aqui, o que temos é outra coisa. São as mudanças que estão ocorrendo tanto na natureza quanto na cultura. O que é a natureza, modificada pelo homem? É claro que, nos artigos que se seguem, a ênfase está em outro sentido de natureza, aquele que popularmente se chama "o verde". Mas o fato é que a natureza está mudando, tanto quanto a cultura. A permanência da primeira está sendo alterada pela veemência da segunda. Não é mais possível discutir a cidade – ou a grande, a enorme e assustadora cidade que é, por exemplo, a paulicéia – sem pensar como se lida com fenômenos à primeira vista tão distintos entre si quanto a ecologia, os transgênicos e as mudanças urbanas ou as perspectivas que temos para o futuro, quer dos jovens, quer das aglomerações humanas.

O importante é que há algo em comum em todas estas questões, que são tratadas nos dossiês que este livro reúne. Por um lado, fomos lançados na vida privada nestes últimos anos. Vivemos cada vez mais confinados em microgrupos. Vejam aqueles filmes norte-americanos em preto e branco, dos anos 1930 e 1940, dos quais o mais conhecido é *Cidadão Kane* – mas eu acrescentaria *His Girl Friday* (*Jejum de Amor*, 1940, de Howard Hawks), *The Talk of the Town* (*E a Vida Continua*, 1942, de George Stevens), *Mr. Deeds Go to Town* (*O Galante Mr. Deeds*, 1936, de Frank Capra): todos eles supõem pessoas que lêem jornais, os mesmos jornais, as mesmas notícias, que são portanto movidas por estímulos que compartilham com o resto inteiro da sociedade. Esses estímulos que dão liga ao contato humano, que formam o elo social, podem ser simples *faits divers*, notícias de crimes, mais do que as grandes notícias – mas estabelecem uma ligação entre as pessoas. Criam e constantemente recriam a sociedade. Isso se perdeu. Cada vez menos pessoas lêem jornais. E quem lê não lê as mesmas notícias. Não há mais edição extra, que o jornaleiro anuncia na rua e leva os personagens dos filmes citados a trocar comentários com os desconhecidos que vislumbra no momento do impacto. Não há mais a rua como ágora. Até o trabalho foi para casa, com o fax, com o laptop no qual – e do qual, para marcar a distância – estou escrevendo este prefácio. Hoje nos socializamos cada vez menos. O trabalho era um grande socializador, no local de emprego. Mas até o lazer foi-se tornando íntimo, desde o videocassete. E somos cada vez mais diferentes uns dos outros – o que nos dá maior liberdade, porém faz que seja mais difícil o diálogo com o vizinho. Cada vez nos interessamos menos por aquilo que ele gosta, e reciprocamente. Está difícil o laço social, o vínculo; parece até aumentar, nas novas relações do que ainda chamamos amor, o gozo em romper, em negar, mais do que em criar, em fortalecer. A sociedade está em risco – quero dizer, o próprio vínculo básico com o outro está sob ameaça.

Mas há um outro lado. Há questões que vão permitindo surgir novos laços. Vejam os temas deste livro. Eles perguntam por um futuro no qual estamos, todos, imersos. Como será o mundo pós-transgênicos? Estamos condenados a usá-los ou podemos dispensá-los? Ou ainda será possível modular nossa resposta, aceitando o avanço científico, mas tomando o cuidado de proteger a biodiversidade e de não deixar as multinacionais patentearem a natureza, tornarem-se donas dela? Que futuro esperamos para os jovens, nossos filhos? Numa cidade enorme, que hoje é mais ex-industrial do que pós-industrial, qual vocação despertar para lhe desenhar o rosto, para nela inscrever as pessoas que vão nascendo e crescendo?

O importante se resume então em duas teses. A primeira é que não dá mais para pensar políticas para a sociedade sem, também, definir políticas para a natureza. A segunda é que estamos todos envolvidos nisso. Não dá para resolver o problema de uns sem lidar com o que prejudica os outros. Temos no Brasil, mas também no resto do mundo, a triste tradição de terceirizar os custos ou, em português mais simples, de espetar a conta no outro. Se não regulo o motor do meu carro, o que economizo no mecânico é uma doença que produzo no aparelho respiratório de meu próximo, é uma conta médica que mando para ele e para a sociedade. Isso é típico, já não sei se do capitalismo em geral ou mais em particular de sua versão selvagem; mas isso é algo cada vez menos aceitável. As questões da cidadania cada vez exigem mais a construção de um novo espaço comum, em que dialoguemos, em que enfrentemos as questões novas de nosso mundo. Não dá para ficar só em casa, virtualizando nossa relação com o outro. Precisamos de novos elos, de uma nova sociedade, que dê conta dos desafios que a nova natureza e a nova cultura colocam. É o que se discute neste livro.

Boa leitura.

rENATO jANINE rIBEIRO é professor titular do Departamento de Filosofia da USP, autor entre outros de *Por uma nova política* (Ateliê Editorial) e *A última razão dos reis* (Companhia das Letras)

Em *Jejum de Amor*, é fabuloso quando Cary Grant, defendendo um homem que foi injustamente condenado à morte, liga para a redação do jornal que ele mesmo dirige e vai mandando tirar todas as outras notícias da primeira página: "Guerra na Europa? Hitler? Tira. Terremoto na China? Milhões de mortos? Tira".
O filme é uma comédia, é bom lembrar – mas mostra que o que motiva a leitura do jornal não é a política internacional, é o que comove as pessoas comuns, no seu dia-a-dia. Isso não deve ser entendido como uma defesa da despolitização: é uma defesa do mundo das pessoas simples, aquelas que Eric Hobsbawm, num lance de gênio, chamou de *uncommon people*, e que são uma forte presença nos filmes daquela época, em especial nos desse grande cineasta que foi Capra.

a luta pelo verde

Deus perdoa sempre,
os homens raramente,
a natureza nunca.

(Autor desconhecido)

na pauta do dia

Com certeza a opinião pública, hoje, se interessa mais fortemente pela questão da preservação do meio ambiente do que duas décadas atrás. Talvez essa mudança de percepção se deva ao fato de que o assunto é muito maior do que apenas a conservação ou não de áreas verdes. São, na verdade, temas que significam a sobrevivência do planeta e, sem exageros, o futuro do homem na Terra. Surgida com a pecha de alarde sem sentido e palanque para promoção de desocupados que gostam de tirar a roupa em público – basta lembrar os primeiros protestos do grupo Greenpeace –, a discussão ecológica ganhou nos últimos anos, finalmente, a consistência necessária. Além de conquistar a importante chancela dos governos mundiais como merecedora de destaque nas agendas. Por menos que se tenha feito de efetivo a respeito, o fato de a sociedade olhar o meio ambiente como um fornecedor de bens que irá cobrar o prejuízo algum dia, já consegue promover mudanças de hábito naquele que é o único capaz de alterarar o quadro: o ser humano. Quando da comemoração dos 500 anos do Brasil, e à luz da reforma no Código Florestal feita à época, especialistas discutiram o tema sob os mais variados aspectos: fauna, flora, desenvolvimento sustentável e políticas públicas.

Artigos de:
- jorge linhares ferreira jorge, procurador autárquico federal de carreira e ex-representante do Ibama no Estado de São Paulo.
- ricardo trípoli, deputado estadual (PSDB-SP), ex-secretário do Meio Ambiente do Estado de São Paulo.
- márcio araújo, coordenador geral do IDHEA (Instituto para o Desenvolvimento da Habitação Ecológica).
- andré vilhena, diretor-executivo do Cempre (Compromisso Empresarial para Reciclagem).
- márcia hirota, diretora de projetos da Fundação SOS Mata Atlântica.
- maria alice oieno de oliveira, bióloga, técnica do Sesc São Paulo.

JORGE LINHARES FERREIRA JORGE

Muito se tem comentado sobre biodiversidade e transgênicos, mais particularmente sobre a soja transgênica, cuja autorização para plantio foi impedida por liminar concedida pela Justiça. A polêmica está estabelecida.

A Lei 8.974/95 foi criada com a finalidade de regulamentar os incisos II e V do parágrafo 1º do artigo 225 da Constituição Federal. Ao mesmo tempo que estabeleceu normas para o uso de técnicas de engenharia genética, criou a Comissão Técnica Nacional de Biossegurança. Assim foram determinadas normas de segurança, cultivo, manipulação, transporte, comercialização, consumo, liberação e descarte para a sobrevivência dos seres humanos e do meio ambiente de maneira equilibrada.

O que são os transgênicos: as técnicas modernas de engenharia genética permitem que se retirem genes de um organismo e se transfiram para outro. Esse genes "estrangeiros" quebram a seqüência de DNA, que contém as características de um ser vivido no organismo receptor, que sofre uma espécie de reprogramação, tornando-se capaz de produzir novas substâncias. Esses são os chamados transgênicos ou organismos geneticamente modificados (OGMs).

Entre os riscos potenciais ao meio ambiente incluem-se a criação de novas plantas daninhas, amplificação de seus efeitos, danos a outras espécies, perturbação das comunidades bióticas, efeitos em processos dos ecossistemas.

Independentemente do processo ou tecnologia com os quais o organismo foi modificado, a avaliação de segurança deve obedecer, segundo os estudiosos, a alguns princípios fundamentais de avaliação de riscos.

Os principais critérios incluíram a consideração preliminar sobre as características do organismo e do possível ambiente que irá recebê-lo, a familiaridade com o organismo geneticamente modificado, a distinção geral entre uso em condições confinadas e liberação no meio ambiente.

O que se pretende é que a estrutura regulamentar brasileira acompanhe os tempos, que abra os braços para as mudanças de forma criteriosa, embasada na experiência internacional e com a participação da comunidade científica.

As opiniões no planeta diversificam-se, porém o Brasil não pode ficar alienado aos avanços biotecnológicos, já consubstanciados em muitos países, pois representaria um erro estratégico, talvez irreversível.

Hoje, com o desenvolvimento da biotecnologia e considerando os avanços na aplicação da legislação, é possível reduzir fortemente esse risco. Existe um grande aparato científico e legal.

A mudança de enfoque é realmente revolucionária, representando uma forte quebra de tradição. A legislação ambiental está muito ampliada, dando prevalência à conservação em bases sustentáveis dos recursos naturais. Além dos argumentos econômicos, existem os de natureza ambiental, para o cultivo dos alimentos transgênicos.

A humanidade, em futuro próximo, poderá ter a seu dispor alimentos enriquecidos com vitaminas específicas e de elevado teor nutricional. Aspira-se, sobretudo, conservar o meio ambiente equilibrado, constituindo um pólo de convergência que satisfaça as partes envolvidas, qual seja, a sociedade, o poder público e econômico, em benefício da qualidade de vida e sobrevivência do planeta.

rICARDO tRIPOLI

Se existiam dúvidas, o tempo se encarregou de dissipá-las. A nova terra "muito chã e muito formosa", descrita pelo escrivão Caminha, era realmente o paraíso terreal tão cobiçado que a virtude do diálogo fez crescer, transigindo com outras etnias, com outras maneiras de ver o mundo. E assim chegamos ao perfil multiétnico que hoje nos caracteriza, com as presenças indígena, africana, árabe, asiática e de outros povos europeus moldando uma nova cultura de convivência humana, que só se acreditava possível florescer no paraíso.

Para que o diálogo e o caldeamento racial pusessem fim às diferenças, entretanto, o cenário dessa experiência inédita na história da humanidade acabou sendo sacrificado: a colonização, em busca das riquezas do Eldorado, desdenhou essas riquezas desde o início, enxergando nas jazidas fantásticas do Novo Mundo apenas uma selva que devia ser queimada, cortada e desventrada.

Em outras palavras, viu-se o pau-brasil, mas não se enxergaram a Mata Atlântica, a Amazônia e tantos outros frutos de uma refinada seleção evolutiva processada ao longo das eras geológicas, mal sabendo Pero de Magalhães Gandavo, primeiro historiador do Brasil (1576), que aquela floresta litorânea paulista de que ele falava era o mítico Jardim Prometido e Perdido, capaz de tudo dar ao seu possuidor sem nada pedir em troca, assim como seus habitantes – que dois séculos mais tarde levaram o filósofo Jean-Jacques Rousseau a utilizá-los como exemplo de feliz equilíbrio entre o homem e a natureza em *Emílio*, uma obra perseguida e vilipendiada, mas que acabou tendo enorme peso para a deflagração da Revolução Francesa (1789) e a difusão mundial da importância da conservação ambiental.

Felizmente, os protagonistas desse espetáculo não lograram devastar tudo, razão pela qual, ao completarmos nosso primeiro meio milênio de existência, ainda somos detentores de amostras ambientais pré-cabralinas, similares àquelas em que nossos indígenas viam o curupira, o caapora, o boitatá e outros gênios protetores daquele ecossistema que lhes dava abrigo e sustento sem nada pedir ou exigir.

Nosso desafio, meio milênio mais tarde, é descobrir essas jazidas intocadas de nosso Eldorado, respeitando os gênios protetores ancestrais e o objeto de sua tutela como respeitamos nossos entes queridos. Na Era da Informação e em meio a essa revolução biotecnológica que nos permite decifrar o código genético e redesenhar o próprio futuro, a civilização brasileira tem a oportunidade de se redescobrir sem correr o risco de, qual Fausto ou Prometeu, pagarmos um preço insustentável por essa descoberta, desde que saibamos fazer de nossa biodiversidade o motor propulsor da sócio-diversidade – que vem a ser o imperativo do governo Mário Covas, tanto ao promover a pesquisa genética de ponta, que levou ao seqüenciamento dos genes de uma praga que assola nossos canaviais, como ao preservar em 17 mil quilômetros quadrados de parques de Mata Atlântica virgem as próprias raízes da nacionalidade, que vêm a ser aquele arvoredo de que falava Caminha. Se uma só de suas 10 mil espécies distintas, o pau-brasil, significou tanto, o que nos reservam as 9.900 restantes, se em seu aproveitamento não repetirmos os erros anteriores?

márcio araújo

Muita gente ouve falar em ecologia, em poluição da terra, do ar e da água, em alimentos contaminados, em destruição da Mata Atlântica e da Floresta Amazônica, em buraco da camada de ozônio, em CFC, e sente uma vontade imensa de fazer alguma coisa para ajudar a mudar essa situação. Mas não sabe o que fazer, nem como, nem onde. E, às vezes, nem tem tempo para ajudar.

Por isso, foi criada a primeira entidade do Brasil para mostrar que é possível contribuir com a preservação do meio ambiente e melhorar a qualidade de vida dentro de casa, no trabalho, no dia-a-dia.

O objetivo do IDHEA (Instituto para o Desenvolvimento da Habitação Ecológica) é levar a ecologia para o dia-a-dia das pessoas nos centros urbanos, com a disseminação de práticas e procedimentos que ajudem a minimizar o impacto da presença do homem sobre o meio ambiente e a melhorar a qualidade de vida das comunidades. Dentro dessa linha de atuação, o IDHEA trabalha ativamente para difundir tecnologias sustentáveis e de baixo impacto ambiental nas áreas de construção, arquitetura, agricultura, água, energia, lazer e saúde, entre outros segmentos, bem como para popularizar os conceitos de desenvolvimento sustentável, produto ecológico e econegócio.

Para o IDHEA, a ecologia é um exercício de cidadania e respeito mútuo, que deve começar dentro da casa das pessoas. Em última análise, a devastação do meio ambiente e o esgotamento dos recursos naturais ocorrem para atender às necessidades das sociedades urbanas modernas, que buscam continuamente aumentar seu padrão de produção e consumo. A conscientização do homem moderno ou "consumidor final", como preferimos muitas vezes chamá-lo, é fundamental para reverter esse quadro, uma vez que ele tem poder de decisão sobre todo o processo produtivo. Se o consumidor recusa um produto porque o reconhece como prejudicial à sua saúde e ao meio ambiente, ele está atuando para mudar esse quadro. Por sua vez, o empresário que polui e é responsável por passivos ambientais também pode alterar seu foco de atuação se souber que há mercado para um produto ecologicamente correto e se também tiver consciência de que, ao agredir o meio ambiente, sua empresa está agredindo a ele mesmo, a sua própria família, a seus empregados etc.

É fundamental mostrar que é possível viver de maneira ecológica sem ter que abandonar as grandes cidades. O grande desafio é conciliar as necessidades do homem moderno com a preservação dos recursos naturais.

O IDHEA atua por meio de palestras, cursos e seminários, prestação de consultoria a entidades públicas e privadas, realização de eventos temáticos – como a 1ª Mostra de Móveis Ecológicos e Ecodesign, que resultou no primeiro consórcio para exportação de móveis e utilitários, numa parceria entre IDHEA, Sebrae e IPT (Instituto de Pesquisas Tecnológicas da USP), e a exposição Vestir Ecológico – Usos e Tendências, mostrando roupas e acessórios ecológicos. Em todos os eventos há duas mensagens permanentes: é possível preservar o meio ambiente, sem abrir mão do conforto, beleza e custo que as matérias-primas convencionais proporcionam; a ecologia é algo prático, palpável, que pode ser vivida por qualquer pessoa, independentemente de sua condição social, cultural e do lugar onde habite.

O IDHEA ainda realizará pelo menos três grandes eventos neste ano. O maior será a construção de uma casa ecológica em plena capital de São Paulo, numa grande área de visitação, com todos os equipamentos e materiais necessários e com uso de fontes de energia alternativa.

Outros projetos em andamento são a Cartilha da Habitação Ecológica, uma revista no formato HQ (história em quadrinhos), em linguagem acessível e bem-humorada, com dicas práticas para o dia-a-dia; a Usina Ecológica, um projeto inédito de capacitação de menores carentes e desempregados por meio de artesanato, design ecológico e tecnologias sustentáveis; e o Ecologia para Todos, um projeto multidisciplinar realizado por voluntários, integrando as áreas de saúde, habitação, alimentação, agricultura e lazer, destinado a levar procedimentos ecológicos práticos para a comunidade.

aNDRÉ VILHENA

No Brasil, o tema meio ambiente vem ganhando destaque, só que agora com uma postura mais profissional. Foi-se o tempo em que o "sensacionalismo" ou a emoção determinavam os rumos das discussões e ações de preservação ambiental. Vemos isso nitidamente na área em que atuamos – Resíduos Sólidos –, que durante a década de 1990 sofreu sensível evolução sob diversos ângulos.

São governos em nível federal, estadual e principalmente municipal que começam a tratar como prioridade o gerenciamento integrado do lixo, para equacionar os problemas que são ainda perceptíveis em muitas regiões do País, como: ausência de serviços adequados ou eficientes de coleta de lixo; ausência de programas de coleta seletiva; disposição final em lixões, que causam inúmeros impactos ambientais e sociais negativos; excesso de tributos inibindo o setor de reciclagem etc. Ganham espaço também as Organizações Não-Governamentais (ONGs), que encaram o tema com maior seriedade e profissionalismo, passando a adotar posturas pró-ativas, em vez do "catastrofismo", ao atuarem como parceiras em diversos níveis. Finalmente, destacam-se as lideranças empresariais, que buscam uma maior aproximação e envolvimento com os mais diversos setores, incluindo os citados anteriormente.

Gerenciar o lixo de forma integrada significa atender cem por cento a população com a coleta regular de lixo, implantar e operacionalizar um sistema adequado de coleta seletiva, identificar e estabelecer canais permanentes para fluxo de materiais recicláveis – papel, plástico, vidro, metais, material orgânico etc. – em direção às indústrias recicladoras e, finalmente, dispor adequadamente aquilo que não foi possível reciclar.

O segredo para avançarmos mais rapidamente no futuro reside na ação articulada entre todos os segmentos da sociedade, tendo como alicerce a já famosa teoria dos três Ps: parceria, perseverança e pró-ação. A "chave" para o sucesso dessa empreitada está na articulação conjunta entre poder público, empresas e representações organizadas da sociedade civil, tais como ONGs, entidades de classe, associações comunitárias etc. Somente com a alavancagem de parcerias é que se poderão alcançar os objetivos almejados.

ANDRÉ VILHENA

No Brasil, o tema meio ambiente vem ganhando destaque, só que agora com uma postura mais profissional. Foi-se o tempo em que o "sensacionalismo" ou a emoção determinavam os rumos das discussões e ações de preservação ambiental. Vemos isso nitidamente na área em que atuamos – Resíduos Sólidos –, que durante a década de 1990 sofreu sensível evolução sob diversos ângulos.

São governos em nível federal, estadual e principalmente municipal que começam a tratar como prioridade o gerenciamento integrado do lixo, para equacionar os problemas que são ainda perceptíveis em muitas regiões do País, como: ausência de serviços adequados ou eficientes de coleta de lixo; ausência de programas de coleta seletiva; disposição final em lixões, que causam inúmeros impactos ambientais e sociais negativos; excesso de tributos inibindo o setor de reciclagem etc. Ganham espaço também as Organizações Não-Governamentais (ONGs), que encaram o tema com maior seriedade e profissionalismo, passando a adotar posturas pró-ativas, em vez do "catastrofismo", ao atuarem como parceiras em diversos níveis. Finalmente, destacam-se as lideranças empresariais, que buscam uma maior aproximação e envolvimento com os mais diversos setores, incluindo os citados anteriormente.

Gerenciar o lixo de forma integrada significa atender cem por cento a população com a coleta regular de lixo, implantar e operacionalizar um sistema adequado de coleta seletiva, identificar e estabelecer canais permanentes para fluxo de materiais recicláveis – papel, plástico, vidro, metais, material orgânico etc. – em direção às indústrias recicladoras e, finalmente, dispor adequadamente aquilo que não foi possível reciclar.

O segredo para avançarmos mais rapidamente no futuro reside na ação articulada entre todos os segmentos da sociedade, tendo como alicerce a já famosa teoria dos três Ps: parceria, perseverança e pró-ação. A "chave" para o sucesso dessa empreitada está na articulação conjunta entre poder público, empresas e representações organizadas da sociedade civil, tais como ONGs, entidades de classe, associações comunitárias etc. Somente com a alavancagem de parcerias é que se poderão alcançar os objetivos almejados.

márcia hirota

Após 500 anos do início da colonização européia no Brasil, temos como resultado a perda de mais de 93% da Mata Atlântica, um dos biomas mais ameaçados de extinção no mundo e considerado prioritário para a conservação dos recursos naturais por instituições nacionais e internacionais. De uma área original superior a 1,3 milhão de quilômetros quadrados distribuída ao longo de dezessete estados brasileiros, resta hoje apenas 7,3% desse total.

No início da "descoberta", os portugueses vislumbraram a terra brasilis como uma inesgotável fonte de renda. O pau-brasil, árvore da qual era extraída uma tintura muito utilizada pela indústria têxtil na época, e uma imensa mão-de-obra disponível a ser catequizada, os povos indígenas, eram considerados as principais matérias-primas. Do quase extermínio do pau-brasil partimos para os diversos ciclos econômicos, como o do ouro, o da cana-de-açúcar e, posteriormente, o do café. Outros ciclos econômicos vieram e, como se já não bastassem os milhares de hectares destruídos para a (des)construção do País, vivemos mais recentemente um veloz processo de industrialização e, conseqüentemente, urbanização, com as principais cidades brasileiras assentadas hoje na área original da Mata Atlântica.

Apesar de ser patrimônio nacional, mundial, histórico e cultural, ser recordista em biodiversidade e ter mais de setecentas áreas protegidas por lei, a Mata Atlântica não tem garantida a sua proteção e a sua conservação. O quadro atual é crítico, devastador e a situação, gravíssima.

Temos hoje um bioma extremamente frágil, com seus remanescentes fragmentados e isolados. Fala-se muito sobre a riqueza do Brasil, mas que importância damos realmente à Mata Atlântica, que, entre outras funções, traz inúmeros benefícios, diretos e indiretos, para garantir a qualidade de vida, especialmente a 100 milhões de pessoas que nela vivem. Para citar alguns, ela protege e regula o fluxo de mananciais hídricos, que abastecem as cidades e principais metrópoles brasileiras, e controla o clima. Além disso, abriga rica e enorme biodiversidade, preserva beleza paisagística e um patrimônio histórico de valor inestimável e abriga várias comunidades indígenas, caiçaras, ribeirinhas e quilombolas, que constituem a genuína identidade cultural do Brasil.

As questões ambientais não são mais vistas como uma ideologia de militantes utópicos, mas ainda temos muito a fazer para reverter o quadro atual, que se apresenta lastimável. Segundo o Atlas da Evolução da Mata Atlântica, projeto realizado desde 1990 pela Fundação SOS Mata Atlântica e pelo Instituto Nacional de Pesquisas Espaciais (INPE), com a participação de várias instituições, empresas e especialistas, houve um desmatamento de mais de 1 milhão de hectares da Mata Atlântica desde 1985.

Neste ano estaremos lançando uma versão atualizada desse trabalho e os novos números, infelizmente, não são nada animadores, pois o desmatamento continua e os trabalhos de recuperação e recomposição de áreas com espécies nativas são ainda muito tímidos.

Precisamos de uma maior participação da sociedade civil nesse processo, que pode e deve utilizar o Atlas, entre outras inúmeras ações, como um instrumento eficaz e hábil para a realização de políticas públicas, seja para cobrar ações mais efetivas do governo ou para pensarmos juntos em alternativas para um outro Brasil. Um Brasil que inclua entre suas prioridades, efetivamente, a preservação de seus recursos naturais.

MARIA ALICE OIENO DE OLIVEIRA

Sob o ponto de vista da relação com o ambiente, "riqueza", para os indígenas que viviam no Brasil quando da chegada dos portugueses a estas terras, 500 anos atrás, pautava-se na conservação do que era oferecido pela natureza, aliás, farta e constantemente, bem como na capacidade de colher, caçar, esconder-se, lutar... Uma boa herança a ser deixada para as futuras gerações era, portanto, um ambiente rico e farto que garantiria, dia após dia, seu sustento.

Na cultura européia, ao contrário, a vivência da escassez periódica, associada aos rigores do inverno, das características dos solos e da pouca disponibilidade da água, fez da riqueza uma idéia associada ao acúmulo, às reservas que poderiam garantir sobrevivência e conforto nas adversidades climáticas que atravessariam anualmente.

Nem vestimentas sequer eram necessidade para os índios neste clima tropical que, por mais variações que apresente, não ameaça a sobrevivência humana, ao contrário do europeu, que exige verdadeiramente abrigo e roupas.

Culturas e crenças se misturaram. Comportamentos também. Predominou a cultura da exploração, da retirada além da necessidade do dia, os olhos nos acúmulos para os descendentes... Nesta terra em que se plantando tudo dá, de fartura de águas, sol e terras férteis, muitos se instalaram, exploraram, retiraram, usaram, desperdiçaram. E viveram bem. Vivem ainda hoje.

Nas últimas quatro ou cinco décadas, porém, alavancado por um alerta mundial, começou a delinear-se no horizonte um pensamento novo, associado à finitude dos recursos naturais. Vislumbra-se não a escassez periódica, velha conhecida, mas a extinção definitiva.

À plena confiança na dominação dos fenômenos naturais, nas formas cada vez mais rápidas e "eficientes" de exploração dos recursos naturais e à certeza de sua inesgotabilidade, contrapõe-se atualmente a necessidade de construir o caminho para o desenvolvimento sustentável, que é aquele que permite a utilização dos recursos naturais de acordo com as limitações impostas pelos ritmos inerentes à própria natureza, de recuperação, de crescimento, enfim, dos ciclos de manutenção da vida.

Porém, é comum ainda, em muitas comunidades, o pensamento de que os recursos naturais são inesgotáveis. Ouve-se um morador, descendente de várias gerações de moradores mergulhados na região de Mata Atlântica, com tranqüilidade, afirmar que "esse mato todo" não vai acabar nunca. As notícias na tevê não são mais fortes que a percepção concreta de quem nunca atravessou o limite verde para ver o que há para além dali. A informação que chegou a ele não foi vivida na intensidade de sua convivência ancestral com a mata.

Outra mentalidade ainda muito presente é a de que a terra tem maior valor quanto maior seu potencial agricultável. Dessa forma, a terra sem o empecilho da vegetação, isto é, sem cobertura vegetal, é a mais desejável. É bem conhecida no meio rural a máxima "mato em pé, fazendeiro deitado, mato deitado, fazendeiro em pé". Essa mentalidade permeia também os procedimentos de corporações cuja atuação degrada em minutos o que pequenos proprietários rurais levariam algumas gerações na mesma tarefa.

Felizmente, percebe-se hoje um crescimento no interesse tanto em aprender como em informar sobre questões ambientais. É notório o aumento do espaço ocupado por esses assuntos em revistas e jornais de grande circulação, por exemplo. A inclusão da educação ambiental como tema obrigatório, transversal, portanto permeando todas as disciplinas da grade curricular do ensino fundamental e médio no Brasil, é um avanço incontestável. Crescem as ações da comunidade pela melhoria das condições ambientais, que estão associadas diretamente à qualidade de vida como um todo. Isso é extremamente positivo e necessário.

A informação, embora imprescindível, não é suficiente para gerar mudança de atitude, haja vista fatos recentes noticiados largamente na mídia, como a negligência que despejou todas aquelas toneladas de petróleo na baía da Guanabara e as alterações irresponsáveis consideradas para o Código Florestal, referentes à Amazônia, entre outras aberrações. Não se pode imaginar que os envolvidos nesses fatos não sejam bem informados quanto às implicações... A informação permite – mas não garante – associar causas a conseqüências.

Falta consolidar a consciência e o compromisso com a ética e a visão de que fazemos parte de um grupo planetário. A globalização, em termos de ambiente, é um fato atemporal, não uma expressão da moda.

MITOS VERDES

O mito é um relato fabuloso
de origem popular e não reflexivo,
que mescla a fantasia
com a realidade observada

blefes acerca da natureza

A interferência do homem na natureza tem sido explorada sob vários pontos de vista, de acordo com a conveniência do momento. Tome-se como exemplo a polêmica camada de ozônio: ora está acabando, ora nem tanto assim. O principal objetivo do governo é despoluir o rio Tietê. Se for possível, até agora por que ninguém fez isso? As geleiras vão derreter e as águas irão invadir as cidades. A Amazônia é pulmão do mundo e há até quem já tenha dito que o sertão vai virar mar e o mar vai virar sertão. Entre todas essas idéias, e em muitos outros fatos ecológicos noticiados pela mídia, existem verdades e não-verdades. É do que trata o presente capítulo, procurando desvendar os mitos verdes que nos cercam.

Artigos de:
   Volker w. j. h. Kirchhoff, p.h.d. em Ciência Espacial.
   Samuel Murgel Branco, professor titular de Saneamento da Faculdade de Saúde Pública da Universidade de São Paulo.
   Claudio Darwin Alonso, funcionário da Secretaria do Meio Ambiente do Estado de São Paulo.
   Mario Mantovani, diretor da S.O.S. Mata Atlântica.
   Mário Damineli, sociólogo, é técnico do Sesc São Paulo.

VOLKER W. J. H. KIRCHHOFF

A camada de ozônio é uma proteção natural que o nosso planeta possui ao seu redor e que impede a penetração exagerada de radiação danosa à nossa saúde. A camada de ozônio é formada pela natureza, mas o homem moderno tem interferido nesse processo fazendo com que diminua a sua espessura, diminuindo também o seu poder de proteção. A interferência do homem no meio ambiente tem sido explorada de ambos os lados, de acordo com a conveniência do momento. Assim, temos tido jornalistas que, na ânsia de publicar o sensacional, apregoam haver um buraco na camada de ozônio sobre o Brasil; outros, mais simplistas, dizem que não há problema algum com ela.

O que existe de verdade em tudo isso? A seguir, vamos enumerar uma série de verdades e de mitos.

Verdade – A camada de ozônio está de fato sendo destruída, o que preocupa devido ao seu papel essencial de proteção à vida, que pode estar sendo minado lentamente. Essa destruição lenta e gradual acontece em todo o planeta – em média geral, de 4% por década – e um grande buraco na camada de ozônio desenvolve-se anualmente na Antártida.

Mito – Alguns acreditam que o buraco na camada de ozônio existe em todos os lugares, isto é, sobre o Brasil, por exemplo. Isso não é verdade, pois o buraco é um fenômeno restrito às regiões da Antártida (isto é, no pólo Sul).

Verdade – A camada de ozônio protege contra a radiação ultravioleta, UV-B. Mas o indivíduo que se expõe ao sol deve obter proteção adicional.

Mito – Ficar ao sol entre 10 h e 14 h faz mal à saúde. Esta é uma meia verdade que a minha avó já dizia. Hoje, até especialistas ainda apregoam isso. No entanto, já existe conhecimento suficiente para aproveitar o sol em qualquer horário, basta saber usar o índice de UV-B, divulgado pelo laboratório de ozônio do INPE.

Verdade – O excesso de sol (isto é, de radiação UV-B, que faz parte da radiação solar) pode, de fato, causar câncer de pele, além de outros males. Essa radiação interage com a pele humana de forma agressiva, e em excesso causa um tipo de câncer de pele que, diagnosticado precocemente, pode ser curado.

Mito – Passar uma mistura de Coca-cola e óleo, além de bronzear, protege a pele contra o sol. Esse é um procedimento muito perigoso e, portanto, não recomendado. De fato, o bronzeamento ocorre, mas causa um grande estresse à pele. É melhor usar sempre um protetor solar de fabricante idôneo.

Verdade – O tempo que o corpo humano pode ficar exposto ao sol é em geral muito pequeno, da ordem de alguns poucos minutos. A pele muito branca é a mais sensível; a negra resiste mais tempo. O fator de proteção solar (FPS), estampado nos frascos de protetores solares, é o fator multiplicador que permite aumentar o tempo de exposição da pele ao sol. Por exemplo, se a exposição natural é de 5 minutos (um valor normal para pele branca), um FPS de 10 permite que a pessoa fique ao sol 50 minutos, sem prejudicar a pele. Normalmente, recomenda-se um FPS de pelo menos 15.

SAMUEL MURGEL BRANCO

Desde os tempos de José Bonifácio de Andrada, há uma preocupação com a proteção do rio Tietê, em São Paulo; desde 1920, sucedem-se os grandes projetos para a sua "despoluição". Reivindicação constante dos moradores da cidade – e das cidades situadas a jusante –, nem sempre tem sido considerada prioridade para os governos que vêem, na construção de pontes e viadutos, emprego mais rendoso em termos de dividendos políticos do que tratar esgotos para depois jogá-los fora.

Mas a tarefa não é tão simples. Já em 1960, a quantidade de despejos jogados no rio era suficiente para mantê-lo, nas épocas de estiagem, completamente sem oxigênio, malcheiroso e, naturalmente, sem peixes. Ora, as cargas de esgotos que ele recebe hoje são quase quatro vezes maiores, o que nos leva à imediata conclusão de que, se forem – como de fato estão sendo – construídas instalações de alto custo, capazes de remover 70% dessa carga poluidora, o rio voltará a uma situação semelhante àquela de 1960. Pior do que isso: se admitirmos a aplicação de um esforço suplementar, que chegue a 90% de remoção (o que certamente não custará apenas 20% a mais, mas o dobro do que já foi aplicado, para a obtenção de um tratamento "refinado", utilizando técnicas muito mais onerosas), restará, ainda, uma carga poluidora significativa, que cresceu muito nos últimos anos, representada pelo lixo de uma cidade maltratada e pelas ligações clandestinas de esgotos domésticos e industriais na rede de águas pluviais. A água das chuvas não é tratada – a não ser em cidades da Europa – e a carga adicional levada por ela ao Tietê pode ser estimada em algo equivalente ao esgoto de uma população adicional de 4 milhões de habitantes, ou seja, 22% da carga bruta de esgotos!

Esse constitui, pois, um dos maiores desafios às "vontades políticas" de nossos governantes estaduais, municipais e – dada a imponência da metrópole, que se situa entre as maiores do mundo – até mesmo federais ou internacionais! É evidente que o investimento feito, mesmo não corrigindo de imediato todos os problemas do rio, está se traduzindo em importantes resultados do ponto de vista sanitário, ecológico e de qualidade de vida das populações.

Alguns desses resultados são: a redução do assoreamento do rio, com conseqüente diminuição do trabalho contínuo e oneroso de dragagem de sedimentos e alívio do problema de enchentes; a melhor qualidade das águas nas cidades situadas a jusante, como Pirapora, Salto, Itu e por aí afora, com vários pontos onde já se pode pescar. Finalmente, a grande melhoria da qualidade das águas da represa Billings, mesmo quando, nas cheias, as autoridades se vêem obrigadas a recalcar águas do Tietê para o seu interior.

Pelo menos nas épocas de chuva, não teremos mais o mau cheiro que caracteriza há anos a nossa metrópole. Não chegaremos, certamente, a pescar dourados em suas águas. Mas, quem sabe, alguns lambaris...

Claudio Darwin Alonso

O mito é um relato fabuloso de origem popular e não reflexivo, que mescla a fantasia com a realidade observada. No caso específico da poluição do ar, o mito tem origem na observação pessoal mal interpretada e é reforçado pelos meios de comunicação que tratam, muitas vezes, os problemas ambientais misturando o real com a fantasia.

As pessoas verificam as alterações na atmosfera pelos seus órgãos do sentido, mas as interpretações da origem do que foi percebido podem ser incorretas. O odor indica de forma inconfundível que o problema observado é poluição atmosférica. No caso da alteração visual, é comum haver confusão entre nebulosidade (névoa úmida constituída por água) e perda de visibilidade devido a fumaças. O esclarecimento deve ser feito com medições técnicas da qualidade do ar. A irritação dos olhos e da garganta, no geral, é conseqüência da poluição. Porém, em dias muito secos (umidade relativa do ar abaixo de 25%), essa "secura" causa sensação de ardor bastante similar à causada pela poluição. É nesses dias que muitas pessoas atribuem à poluição os efeitos causados pela baixa umidade do ar. Muito da mitologia da poluição do ar tem origem nas observações mal interpretadas, conseqüência de um precário sistema de esclarecimento das verdadeiras origens dos fenômenos percebidos.

Outro mito da poluição do ar é o de ser possível o seu controle completo, utilizando-se equipamentos adequados em todas as fontes emissoras. A questão se reduziria apenas à vontade política e ao investimento para que se efetuasse o controle. Isso é verdade para a maioria dos casos, mas não quando se fala da poeira, importante poluente atmosférico. Em grandes aglomerados urbanos, o transporte de pessoas e produtos exige um sistema viário de porte, deixando descoberta importante parcela do solo. A falta de cobertura vegetal faz com que a poeira depositada se levante pela ação dos ventos e do movimento de veículos, acarretando aumento da poluição. Dificilmente esse tipo de poluição pode ser controlado e as grandes cidades possuem, entre outros, mais um problema cuja origem está no seu grande porte.

A forma de divulgação de informações ajuda a criar mitos. O Estado de São Paulo possui um sistema de medição da qualidade do ar e, desde a década de 1970, divulga diariamente os dados, o que não é feito em outros estados da federação. Isso tem levado parte da população a acreditar que problemas de contaminação do ar estão restritos a São Paulo (região metropolitana e Cubatão). Outras áreas do País, com atividade industrial e frota de veículos de grande porte, potencialmente também possuem problemas similares, mas, por falta de divulgação da situação da poluição local, a população, desinformada, não pressiona os poderes locais para agirem em defesa de um ar mais puro e saudável. Caberia aos meios de comunicação, quando divulgarem nacionalmente a situação do ar de São Paulo, questionar a situação local. Isso permitiria que a população se preocupasse mais com os problemas locais e não acreditasse que o problema da poluição atmosférica é apenas de São Paulo.

Finalmente, a questão da poluição do ar deixa de ser mitologicamente atribuída apenas à atividade industrial. A população se conscientiza de que os veículos particulares também poluem, e bastante. Os problemas da poluição do ar deixam de ser algo a ser resolvido apenas pelos outros (as indústrias) e passam a ser algo que deve ser resolvido por todos, pelas indústrias e pelos cidadãos, principalmente aqueles que possuem veículos.

MARIO MANTOVANI

A situação é alarmante. De tudo o que se fala de desmatamento no Brasil, essa é a maior. Primeiro porque a gente ainda vê isso no Brasil como forma de se apropriar da natureza como se fazia em 1500. Recurso natural disponível foi Deus que deu e a gente não tem que ter nenhum compromisso com sustentabilidade nem nada. O lance é predatório e extrativista. Uma das coisas que podem ser consideradas mito nesta história é que a madeira da Amazônia não vem para o Brasil. Dizem que ela vai para fora, e isso é uma grande mentira. Quase 90% da madeira retirada de lá vem para São Paulo, Rio de Janeiro e demais estados da região Sudeste. Isso porque as florestas daqui foram completamente destruídas, começou-se até a tirar um pouco de madeira da nossa fronteira com o Paraguai e a Argentina, mas o grande eixo é, na verdade, Rondônia e Acre.

Outro ponto importantíssimo desta discussão é a legislação do Brasil em relação ao desmatamento. Ela é, de certa forma, conflitante. Há um código florestal de 1965, época em que nem existia a figura do ambientalista. Esse código diz que toda propriedade tem de ter 20% de reserva legal de mata Atlântica. Hoje, nós sabemos que só há 7% de cobertura florestal. Ou seja, aquela lei, que nem era feita por ambientalistas, nunca foi cumprida. E, hoje, você ouve muitos políticos falando que os ambientalistas preferem proteger a floresta a proteger as pessoas. O que é mentira. Essa discussão nem é cabida mais. Não há mais florestas, está tudo abaixo do que a legislação prevê. O que os ambientalistas estão fazendo hoje é tentar proteger o pouco que resta de florestas. Outro mito é que o ambientalista não seria afeito ao progresso. Num país onde as pessoas vivem, como se diz, vendendo o almoço para comprar a janta, quando você fala do ambientalista você está falando de uma pessoa que pensa na questão do coletivo, do direito difuso. A água é para todo mundo, o ar é para todo mundo e a árvore é para todo mundo. Nós somos inimigos daqueles que depredam o País com atitudes extrativistas, com a forma de um modelo antigo de crescimento. Além de tudo isso, é impossível negar que essa agressão ao meio ambiente começou a custar caro. Por exemplo: uma máquina para tirar terra de dentro do rio Tietê por conta do mau uso do solo em São Paulo – coisa que a gente denuncia há muitos anos – custa muito caro para a sociedade. Uma enchente que pára a cidade derruba a economia. Por isso, o movimento ambientalista ganhou visão e inimigos. Nós propomos um rompimento no paradigma de desenvolvimento. As mesmas pessoas que dizem que os ambientalistas não passam de uns sonhadores que impedem o progresso não promovem a inclusão social, mesmo com todas as áreas que elas desmatam dizendo que isso é necessário ao progresso. Dos 93% de território desmatado na mata Atlântica, apenas 40% são produtivos. E os outros 53%? Estão erodindo, indo embora, transformando-se em prejuízo para a sociedade.

Outro grande mito aparece, na verdade, em forma de pergunta. Por que nós que vivemos no Sudeste e no Sul do País temos de nos preocupar com o que acontece na Amazônia? Primeiro porque ela talvez seja a nossa fronteira para um monte de coisas. Quando destruímos 93% de nossa biodiversidade, o quanto não se perde em remédios que poderiam ser sintetizados a partir da floresta? Nossas universidades e institutos de pesquisa não conhecem absolutamente nada das espécies que viviam aqui. A Amazônia é, então, nossa poupança para o futuro. Imagine o que pode aparecer de remédios de lá? A floresta em pé vale mais que derrubada. Você pode obter produtos da floresta, pode extrair madeira de forma sustentável. Isso sem falar no turismo, a maior indústria do mundo. Além de tudo, a Amazônia tem uma dinâmica própria e não pode ser alvo do mesmo estilo de "desenvolvimento" que tiveram o litoral e mesmo o interior do País.

mário damineli

Há pouco mais de vinte anos, o químico inglês Lovelock formulou a "hipótese Gaia". Sua tese tenta dar resposta às questões levantadas pela constatação de que os planetas em que provavelmente não há seres vivos são muito semelhantes entre si, mantendo altas taxas de CO^2 (95%) em suas atmosferas em permanente estado de equilíbrio químico. A atmosfera da Terra, no entanto, compõe-se basicamente de N (77%) e O (21%) e apresenta um equilíbrio homeostático, isto é, se recupera dos desequilíbrios por meio de processos de retro-alimentação.

Resumidamente: as formas de vida preliminares, que também foram possíveis em outros planetas, foram responsáveis por extrair dióxido de carbono da atmosfera e nela liberar oxigênio. Dessa forma, outros seres se desenvolveram, movidos a combustão aeróbica, em formas de vida cada vez mais complexas. Daí em diante, "as condições físicas e químicas da superfície da Terra, da atmosfera e dos oceanos têm sido, e continuam a ser, ajustadas ativamente para criar condições confortáveis para a presença de vida, pelos próprios seres vivos". Não foi apenas a vida que se adaptou às condições físico-químicas da Terra, mas a vida transformou a Terra num planeta com interconectividade total entre a atmosfera, a biosfera, a biota e os próprios elementos geológicos. Há uma grande complexidade de interações entre todos os seres vivos entre si e com os sistemas naturais da Terra, de tal modo que, no espaço cósmico, ela marcha como uma entidade vivente única. Sintetizando: Gaia é um planeta vivo porque nele "a temperatura, oxidação, estado, acidez e certos aspectos das rochas e das águas são mantidos constantes e essa homeostase é mantida por meio de processos intensos de retro-alimentação, operados automaticamente e inconscientemente pela biota".

A tese de Lovelock tem conseqüências interessantes para o pensamento ocidental, mas particularmente para o pensamento ecológico. No longo prazo, é possível pensar que, como um único ecossistema cósmico, a Terra não tem a sua duração de planeta vivo atrelada às ações particulares que os homens exercem em sua massa geológica e em sua atmosfera. Pelo contrário, como participante do conjunto dos seres vivos (biota), com suas ações o homem tem contribuído para a manutenção das condições da Terra como um planeta vivo. Apenas se a ação humana reduzir drasticamente a biodiversidade – responsável pela conversão de CO^2 em O –, sua existência de planeta vivente correrá perigo, já que essa é uma condição para manutenção de seus processos homeostáticos.

No curto prazo, cinco ou seis centenas de anos, porém, os problemas se avolumam, porque são sentidos por populações na forma de desastres ecológicos naturais ou produzidos pela ação humana, crises alimentares, desertificação, poluições diversas. Nesse caso o desenvolvimento sustentável, um conceito necessariamente histórico e limitado, desempenha papel importante na manutenção das condições ambientais da vida. Mas novamente é preciso evitar o alarmismo e se ater a uma visão mais geral: algumas tendências jogam ainda contra a noção de desenvolvimento sustentável, como o tratamento das questões ambientais por região, o uso intensivo de produtos químicos, o uso de elementos geológicos não renováveis e o desmatamento. Mas há indícios de tendências favoráveis: a provável estabilização da população mundial por volta de 2070 em 11 bilhões de habitantes, o uso da eletrônica e a diminuição de matéria na fabricação de produtos, o conhecimento das biotecnologias e as técnicas de manejo. O homem ainda é cúmplice de Gaia.

a natureza depois do homem

"Pode a ciência modelar o futuro
e libertar o homem dos sofrimentos
do corpo e das angústias da alma?"

Reginaldo C. Moraes, professor de Ciência Política da Unicamp

desafios éticos da ciência

A evolução técnico-científica é responsável por grandes conquistas nos campos da medicina, da bioenergética e da nutrição. Nos últimos tempos, o homem tem ousado mais e intensifica sua intervenção no curso dos processos naturais. É uma prática polêmica que gera controvérsias quanto à sua eficácia para a sociedade. O estágio atual da pesquisa científica esbarra em limites éticos como a reprodução de clones, a proliferação de alimentos transgênicos e a criação de órgãos a partir de células-tronco. De um lado encontram-se mentalidades mais tradicionalistas, que acreditam, e querem levar a acreditar, que tais façanhas nada mais são que uma provocação à ordem natural das coisas. Do outro lado está a ciência. Histórico alvo de escárnio da sociedade, mas que provou, principalmente por meio da medicina, que o mundo não seria o mesmo sem ela. A briga é boa e é preciso encontrar o seu lado da corda, pois como analisou o professor José Fernando Perez, autor de um dos artigos a seguir, "já estamos a tal ponto acostumados a isso (ciência e tecnologia) que muitas vezes não temos consciência do grau de dependência que atingimos".

Artigos de:

josé fernando perez, é diretor científico da Fundação de Amparo à Pesquisa do Estado de São Paulo (Fapesp).

luiz hildebrando pereira da silva, membro da Academia Brasileira de Ciências.

reginaldo c. moraes, professor de Ciência Política na Unicamp e autor, entre outros, de *Celso Furtado, o Subdesenvolvimento e as Idéias da Cepal*.

roberto romano é professor de filosofia da Unicamp e escritor.

maria fabiana ferro guerra, nutricionista e Assistente de Alimentação do Sesc São Paulo.

josé fernando perez

Vivemos em uma sociedade que depende crescentemente de ciência e tecnologia. Já estamos a tal ponto acostumados a isso que muitas vezes não temos consciência do grau de dependência que atingimos. Mas poucas descobertas científicas terão um impacto sobre a humanidade comparável aos produzidos pelos avanços da genética molecular. Praticamente todos os aspectos da vida serão influenciados, cabendo apenas à imaginação estabelecer os limites para a aplicação dessas descobertas. De fato, problemas como o de garantir uma melhor qualidade de vida ao homem, bem como sua longevidade, ou da produção de mais e melhores alimentos de forma mais compatível com a preservação do ambiente, do entendimento e da preservação de nossa biodiversidade, da obtenção de fontes alternativas de energia, entre outros, terão uma nova abordagem depois da revolução científica da Era do Genoma.

Um dos passos mais notáveis da ciência nas últimas décadas foi a compreensão de que um dos mais profundos segredos da natureza, o código genético dos organismos, a chave da hereditariedade, podia ser entendido de uma maneira surpreendentemente simples. Tudo se resumia a entender a estrutura de uma molécula, específica de cada ser vivo: o DNA. Apesar de enorme, com bilhões de átomos no caso do homem, essa molécula tem uma estrutura muito simples, linear, repetitiva, que pode ser simbolicamente descrita por uma seqüência de letras, como se fosse um texto, com a diferença de que somente quatro letras do alfabeto – A, T, G e C – podem ser usadas. No caso do homem, esse texto tem cerca de 3 bilhões de letras, ao passo que uma bactéria tem tipicamente 3 milhões. As características genéticas de cada ser dependem do tamanho e da seqüência de letras desse texto, que é específico para cada espécie. Nessa representação, um gene de um organismo é um pedaço da sua molécula de DNA que tem um significado biológico, ou seja, é responsável por alguma função na célula. Na simbologia do texto, seriam algumas "palavras", isto é, uma seqüência de letras que tem um significado.

O genoma de um organismo é exatamente o conjunto de seus genes e um projeto genoma de um organismo é o esforço concentrado para determinação de todos os seus genes. Nos países desenvolvidos, vários microorganismos – como algumas bactérias e vírus – e plantas vêm tendo seus genomas determinados. Um dos maiores empreendimentos científicos deste fim de século é o Projeto Genoma Humano, que vem sendo conduzido por um consórcio de laboratórios europeus e norte-americanos. A informação gerada por esses projetos será da maior importância para o entendimento da biologia desses organismos. Com o genoma de bactérias será possível, por exemplo, a produção de antibióticos mais eficientes; a partir do genoma de vírus, como o HIV, poderemos entender melhor sua forma de atuação. O Projeto Genoma Humano permitirá um grande avanço na compreensão de doenças hereditárias e do câncer. A prevenção, o diagnóstico e a terapia já começam a se beneficiar dessas pesquisas. Vacinas e terapias gênicas começam a tornar-se realidade.

O Programa Genoma-Fapesp propiciou a entrada do Brasil nessa nova era. Começou em 1998, com o genoma de uma bactéria, a Xylella fastidiosa, responsável pela "praga do amarelinho", que afeta seriamente a citricultura do Estado de São Paulo. Para realizar esse projeto, foi criada uma rede de 34 laboratórios espalhados por todo o estado em instituições públicas e privadas de pesquisa. Essa rede forma um verdadeiro instituto virtual, que trabalha de forma coordenada, via Internet, compartilhando a responsabilidade de decifrar esse "texto" de cerca de 2,8 milhões de caracteres. Foi um empreendimento muito ousado: pela primeira vez um projeto genoma iria ser realizado no hemisfério sul e praticamente todos os participantes tiveram de ser treinados nas técnicas de seqüenciamento genético. Os resultados foram continuamente enviados para um centro de bioinformática, que registrava e organizava a informação recebida.

O sucesso desse primeiro empreendimento, cujo cronograma inicial previa sua conclusão para maio de 2000 – mas que poderá ser concluído a qualquer momento, pois cerca de 99% da informação já foi obtida –, estimulou a comunidade científica do estado a realizar novos passos. O próximo foi o genoma da cana-de-açúcar, projeto proposto pela Copersucar, que se propõe a estudar cerca de 60 mil genes desse importante produto agrícola. Quase ao mesmo tempo, foi iniciado o ambicioso Projeto Genoma Humano do Câncer, em uma parceria internacional com o Ludwig Institute for Cancer Research, que compartilhou o custo total de 10 milhões de dólares com a Fapesp. Esse projeto deverá identificar genes importantes no processo de carcinogênese de tumores com maior incidência no Brasil e, ao mesmo tempo, dar importante contribuição para o Projeto Genoma Humano. Finalmente, recém-iniciou-se o estudo do genoma da bactéria Xanthomonas campestris, responsável pelo cancro cítrico. Este projeto, assim como o da Xylella, conta com o apoio do Fundecitrus, o que demonstra, mais uma vez, o interesse suscitado por esse tipo de pesquisa junto ao setor produtivo. Uma das características mais importantes da pesquisa do genoma é a possibilidade de, ao mesmo tempo em que se trabalha na fronteira internacional do conhecimento, tentar contribuir para a resolução de problemas sociais ou econômicos específicos de nosso país.

O Instituto Virtual do Genoma conta atualmente com cinqüenta laboratórios associados e o principal produto de sua atividade será a competência gerada no domínio dos conceitos e da tecnologia nessa estratégica área do conhecimento. Para um país com as características do Brasil – em região tropical, com doenças específicas, potencial agrícola e biodiversidade incomparavelmente rica – não é possível abrir mão de um domínio absoluto dessa tecnologia para garantir uma melhor qualidade de vida e uma relação mais harmônica com o meio ambiente.

luiz hildebrando pereira da silva

Os noticiários de televisão e as manchetes da mídia foram invadidos, nas semanas precedentes, por notícias alarmantes sobre incêndios em campos e florestas em várias regiões do País, particularmente no Centro-Oeste e na Amazônia. Segundo observações de satélites, milhares de focos de incêndio foram registrados nessas regiões, alguns se estendendo por milhares de hectares e atingindo novas áreas de reservas florestais e ambientais.

Os noticiários associavam os incêndios à situação meteorológica de estiagem prolongada e, em alguns casos, à origem acidental ou criminosa. Na verdade, entretanto, a maior parte deles, é bom que se saiba, é incêndio cuja origem é perfeitamente legal e se faz sob conhecimento, quando não apoio, de organismos oficiais como as secretarias estaduais de Agricultura, Incra e Ibama. São "queimadas" autorizadas, precedendo os ciclos de plantio ou a preparação de pastos e lotes para novos assentamentos agrícolas.

A técnica primitiva de queimada é mais barata porque poupa mão-de-obra na limpeza dos terrenos e promove uma adubação passageira de sais minerais (N, P, K); entretanto, a longo prazo, isso compromete a fertilidade do solo, por destruir a flora microbiana, a microfauna de ácaros, anelídeos e outros organismos responsáveis pela produção e pela reciclagem do húmus. Todos sabem disso, mas as queimadas continuam. Todos sabem também que freqüentemente se perde o controle das queimadas lançadas e que as mesmas atingem áreas florestais ou reservas preciosas de flora e fauna. Nós, aqui em Rondônia, vivemos há cerca de dois meses submergidos em nuvens de fumaça, das nossas próprias queimadas e das queimadas vizinhas. A fumaceira é tanta que, em várias ocasiões, os aeroportos de Porto Velho e Rio Branco ficaram fechados para o pouso. Nessa densidade de fuligem, os agravos à saúde, como problemas pulmonares e oculares, constituem verdadeiro problema de saúde pública.

O nível de generalização e intensidade que as queimadas atingem repercute não apenas sobre a saúde imediata das pessoas e a fertilidade potencial dos solos, mas induz perturbações climáticas regionais. Como, infelizmente, nós não somos os únicos a queimar na face da Terra, o problema adquire dimensão planetária. O Ibama é submetido a toda sorte de pressões de madeireiros, fazendeiros, pecuaristas e grandes proprietários (que não respiram fumaça porque residem em Brasília, São Paulo ou Rio). Forçado a conceder autorizações para atender a "interesses maiores" da produção agropecuária ou dos assentamentos de sem-terra, o Ibama não tem meios nem recursos para exercer a necessária fiscalização das áreas de concessão. E as queimadas avançam! E os incêndios se multiplicam!

Sem uma forte mobilização da opinião pública que reverta todos os elementos básicos do problema (as políticas de financiamento de safras, o estímulo à pecuária intensiva, a apropriação privada de áreas de reservas florestais, as técnicas e o financiamento na implantação de novos assentamentos agrícolas), sem uma convincente política de repressão aos infratores e sem uma aparelhagem conveniente do Ibama, com meios e pessoal, que o torne capaz de exercer a vigilância e o controle efetivo das queimadas, arriscamo-nos ao APOCALIPSE... NOW!

REGINALDO C. MORAES

Pode a ciência modelar o futuro e libertar o homem dos sofrimentos do corpo e das angústias da alma? Depois de Hiroshima, muitos físicos nucleares já vacilaram diante da pergunta, desiludidos com as aplicações de seus inocentes modelos teóricos. Alguns deles, como Schrödinger, já voltavam seus conhecimentos lógicos para compreender o intrincado código dos genes. Décadas mais tarde, estavam de novo às voltas com velhos fantasmas e pensavam na conveniência de detectar uma espécie de moratória nas investigações da biologia molecular, até que ficassem mais claras as implicações desse poderoso saber. Pensavam... Isso se deu no campo das ciências naturais, em que o investigador trabalha com objetos que em certa medida estão fora de si, ainda que um deles seja sua própria natureza genética.

Mas o problema é ainda mais complexo quando tratamos do controle sobre nossos nervos, nosso comportamento e nossas relações sociais. As técnicas de controle e previsão propiciadas pelas ciências humanas também geraram euforias e temores. Já nos anos de 1930, o sociólogo alemão Karl Mannheim, assombrado pelo fenômeno totalitário, refletia sobre o fato com um misto de ceticismo e esperança: o planejamento da vida psíquica e social veio para ficar – resta definir como e por quem será utilizado.

É ainda este problema que nos aflige neste fim de século, diante de avanços monumentais no conhecimento e na produção de técnicas de manipulação da natureza e do homem. Pelo que sabemos, é a primeira vez, na história de nosso mundo, que uma espécie animal tem a expectativa e a possibilidade de alterar drasticamente seu futuro e até mesmo sua natureza, eventualmente escolhendo como replicar-se, para o bem ou para o mal. É também a primeira espécie que pode se destruir, enquanto espécie, pelos seus próprios talentos, levando, de arrasto, o planeta onde vive.

Coloca-se, portanto, diante de nós um velho problema das ciências sociais, há tanto tempo estudando o uso legítimo da coerção, seus limites e suas regras. É igualmente imprescindível discutir o uso legítimo da ciência e dos meios técnicos que produzimos. Banais ou elementares, duas considerações parecem desde logo incontornáveis, embora tenham sido sempre tão contornadas que parecem ter-se perdido em sendas vicinais. Em primeiro lugar, é preciso democratizar o acesso ao conhecimento, num amplo e singular programa de "iluminação pública". Em segundo lugar, democratizar também o acesso às decisões que afetam a vida coletiva. Esses devem ser dois de nossos melhores indicadores básicos de civilização, muito mais do que índices de crescimento, renda ou fluxo comercial. Afinal, não se vive de rendas no inferno – nem mesmo na sua (desu)humana versão de Auschwitz. O inferno pode sobrevir com facilidade, a salvação custa algum esforço. A vida pode ser bela, mas não bastam o sonho e a fantasia – e assim estamos de volta à ciência, ou, para ser mais abrangente, à reflexão que não se contenta em ser mero reflexo.

rOBERTO rOMANO

O Brasil, nos últimos anos, absorveu enorme quantidade de produtos de alta tecnologia produzidos nos EUA (computadores, softwares, instrumentos hospitalares, semicondutores e aparelhos de comunicação). As vendas dos EUA para o nosso país passaram de 2,32 bilhões de dólares para 3,60 bilhões de dólares em 1995, e depois para 4,6 bilhões em 1997. O aumento entre 1990 e 1996 foi de 237,3%. Cresceu no período, em nossa terra, o consumo de telefones celulares (373.000%) per capita e 371% de computadores, estando o Brasil, na lista dos consumidores, apenas depois da China e da Rússia (conforme *Gazeta Mercantil*, 19/11/1997). Esses dados mostram a predominância dos saberes e das técnicas externas, o que torna boa parte da nossa comunidade científica e da indústria incapaz de poder negociar favoravelmente preços e condições (quando se trata de adquirir matéria-prima, instrumentos etc.). Dependemos de modo violento desses itens e o vendedor internacional, não raro com sede nos EUA, sabe disso. Se a instituição brasileira de pesquisa científica e tecnológica, ou seus grupos afiliados, consegue as verbas para as compras, isso onera ou mesmo inviabiliza outros elementos da longa lista de prioridades universitárias, como o ensino, a pós-graduação, a extensão etc. Ocorre, nesse plano, a mesma contingência que se dá no comércio comum: tarifas altas, carência de moeda e de crédito, com certo desaquecimento ou inexistência de produtos no mercado. Resulta, como sempre, a falência de muitos em proveito de alguns, significando desastre para todo o mercado nacional.

Assistimos, no mundo, sobretudo após a Segunda Grande Guerra, a fortes revoluções científicas e tecnológicas. A primeira foi a aplicação intensiva de capitais em técnicas inovadoras (energia nuclear, automação, produtos sintéticos, computadores e eletrônica). A segunda ocorreu nos anos de 1960, com uma segunda geração de computadores, eletrônicos, sintéticos e novas técnicas de comunicação. A primeira foi uma passagem do trabalho intensivo na indústria para o capital intensivo como o centro da acumulação, em escala mundial. A segunda foi do capital intensivo para a tecnologia e saber intensivos. Desse modo, surgiram novas indústrias baseadas na tecnologia de ponta e com conteúdos científicos, como eletrônica e computação, telecomunicações, robótica, cibernética, ciência aeroespacial e biotecnologia. Esses fatos dão-se, não por acaso, nos países do Norte. Os efeitos dessas mudanças fizeram-se sentir, imediatamente, na quebra das barreiras nacionais. Os EUA e a União Européia aumentaram em escala inusitada o controle da tecnologia, das informações e dos serviços (sobretudo as finanças), enquanto o trabalho intensivo domina os países do Sul, sem que eles passem para a outra fase, já atingida nos países do Norte. Desse modo, ocorre uma uniformização econômica mundial, orientada segundo as opções dos estados que possuem bases para acumular lucros, a partir de seu privilegiado status técnico e científico. Esses países concentram o controle financeiro, técnico e científico em benefício e sob gerência de elites nacionais com impacto multinacional. Isto se chama, na linguagem de Francis Bacon, citado em epígrafe, união de sabedoria e de poderio.

Dissolvida a antiga União Soviética, temos no mundo dois blocos principais de força e poder, os EUA e a União Européia. Ambos são Federações de Estados autônomos, com imensa capacidade, demonstrada diversamente, de produção científica e tecnológica.

Enquanto isto, os tímidos ensaios de se estabelecer uma federação sul-americana, tendo como embrião o Mercosul, sofrem todo tipo de boicote e pressões dos EUA. Nenhum país do mundo é viável se está submetido à impossibilidade de produção científica e tecnológica. Infelizmente, este é, em 1999, no limiar do novo milênio, o nosso caso.

maria fabiana ferro guerra

Existe atualmente uma crescente preocupação e interesse das pessoas em estarem informadas sobre a alimentação mais adequada para obter uma melhor qualidade de vida. A cada dia, os avanços da ciência oferecem novos alimentos ao consumidor.

Alimentos com baixo nível de colesterol, diet, light, acrescidos de ômega 3, as opções são inúmeras.

É dentro deste contexto que surge uma novidade, uma explosão na biotecnologia dos alimentos: os alimentos transgênicos. Trata-se de um progresso na agricultura que advém da engenharia genética, através da qual se transforma uma espécie de gene em outra espécie – o que se denomina OGM (Organismos Geneticamente Modificados) –, com intuito de obter plantas mais produtivas e resistentes às pragas e herbicidas.

A grande preocupação para nós, profissionais nutricionistas, é o esclarecimento quanto à segurança desses alimentos, ou seja, se os valores nutricionais dos mesmos serão conservados e se as características organolépticas (sabor, textura, odor) serão mantidas; ou ainda a falta de conhecimento no que se refere a riscos e conseqüências futuras com o consumo desses alimentos.

Um outro ponto que não pode ser esquecido é quanto à rotulagem dos produtos. Estes devem conter informações claras, permitindo que a população decida contra ou a favor de seu consumo, levando em consideração valores culturais, religiosos, éticos e sociais.

Estamos à frente de uma nova tecnologia que vem gerando controvérsias. Caberá aos órgãos envolvidos se empenharem nas pesquisas e decisões para que nós, profissionais da saúde, possamos ter mais subsídios para nos posicionarmos diante deste tema ainda tão polêmico.

tudo começa na infância

A paz é uma cultura
e deve ser construída
no cotidiano das pessoas

maturidade precoce

Cada vez mais cedo, os jovens vêm tomando contato com drogas, violência, estresse e sexo – experiências antes exclusivas do universo adulto. Quais as conseqüências desse processo? Os dados assustam e mostram que o problema, muitas vezes, nasce na própria família. Mais da metade da violência praticada contra a criança, por exemplo, ocorre dentro de casa. Os resultados dessa realidade são desastrosos para o desenvolvimento do País. Um estudo publicado pela Organização Mundial de Saúde aponta que crianças maltratadas antes de um ano de idade têm forte tendência a cometer atos violentos. Só que, em geral, a raiz desse problema nasce da porta de casa para fora. A falta de oportunidades gerada por uma das piores distribuições de renda do planeta leva à exclusão social e, por extensão, à marginalidade. Será que com apoio e orientação adequada é possível transformar esse quadro? O combate à violência e a todos os problemas dos quais ela é o tronco passa, principalmente, por um ajuste de políticas públicas que visem uma realidade social mais justa. Até que ponto a televisão é culpada pela exposição das crianças e adolescentes a dados, fatos e situações que, a princípio, só os adultos deveriam tomar contato? A infância de grande parte dos brasileiros é roubada. Como reverter essa situação? Em artigos, especialistas respondem a essa delicada e complexa pergunta.

Artigos de:
    zilda arns, médica pediatra e sanitarista, fundadora da Pastoral da Criança.
    rita camata, ex-deputada federal (PMDB-ES) e ex-coordenadora da Frente Parlamentar pela Criança.
    gisela wajskop, educadora.
    ute craemer, pedagoga.
    denise lacroix rosenkjar, educadora, é técnica do Sesc São Paulo

ZILDA aRNS

Em minha experiência como profissional da saúde e fundadora da Pastoral da Criança, que tem hoje dezesseis anos, tenho visto muitos exemplos de superação, através do esforço e do compromisso de homens e mulheres nas suas comunidades. São pessoas simples, com muita disposição, que quando têm apoio e orientação adequada conseguem transformar a sua realidade.

Dessa maneira, mais de 136 mil voluntários abraçaram a campanha A Paz Começa em Casa, que a Pastoral da Criança lançou em outubro passado, preocupada com o alto índice de violência doméstica no Brasil. Mais da metade da violência contra a criança acontece dentro de casa, o que tem efeitos desastrosos no desenvolvimento do País, pois um estudo da Organização Mundial da Saúde alerta que crianças maltratadas antes de um ano de idade têm tendência significativa à violência.

O cuidado com as crianças deve começar antes do nascimento. A gestação e o aleitamento materno são os primeiros passos da educação para o amor, que faz com que a criança cresça se sentindo segura e capaz. A Pastoral da Criança já trabalha no incentivo a esses gestos e, desde outubro, a educação para a paz passou a fazer parte das ações básicas nas mais de 30 mil comunidades que acompanha.

Nos dezesseis anos de trabalho em bolsões de pobreza e miséria de todo o País, além de reduzir os índices de mortalidade infantil e desnutrição a mais da metade da média nacional, a pastoral comemora o fato de que as crianças por ela acompanhadas não ficam nas ruas.

Para construir uma sociedade justa e fraterna, além de melhorar as políticas sócio-econômicas e as políticas básicas, que devem priorizar as comunidades carentes, cuidar do tecido social é ponto fundamental.

Isso quer dizer que para reduzir a violência temos de investir e valorizar as qualidades humanas, dando condições para que as crianças estudem, trabalhem, tenham lazer e convivência familiar e comunitária. A Pastoral da Criança investe nas ações básicas de saúde, no aleitamento materno, no alojamento conjunto nas maternidades, na educação essencial da criança (antes mesmo de nascer), na educação para a cidadania (que inclui deveres e direitos) e nos valores culturais de fé e solidariedade, porque acredita que isso é a melhor forma de prevenir a violência. A paz é uma cultura e deve ser construída no cotidiano das pessoas.

No dia 4 de outubro, cerca de 1 milhão de famílias pobres foram visitadas pelos 118.829 líderes comunitários nos 3.166 municípios em que a Pastoral da Criança está organizada. Essas famílias receberam um folheto com dez mandamentos para a paz na família. Além disso, as 6.009 equipes de coordenação da pastoral entregaram o documento Convocação à Sociedade para a Construção de uma Cultura da Paz para prefeitos, governadores e presidente da República. São recomendações para que todos, cada um contribuindo de acordo com suas potencialidades, sejam atores na construção de uma cultura da paz e do amor.

A falta de oportunidades leva à exclusão social e à marginalidade. Combater a violência é melhorar a distribuição de renda, o acesso à educação de qualidade e condições adequadas de saúde e lazer. Boa parte dos problemas que temos poderia ser solucionada se os 84 bilhões de dólares que o Brasil gasta no combate à violência fossem investidos na qualidade integral das famílias. Assim, os pais teriam melhores condições para educar e apoiar seus filhos e estes, se sentindo amparados, se tornariam cidadãos comprometidos com o bem de suas comunidades.

Para impelir ainda mais esse processo de melhoria do tecido social, a Pastoral da Criança espera que mais pessoas comprometidas se juntem aos 136 mil voluntários nas comunidades, paróquias e dioceses; milhares de profissionais, médicos, enfermeiros, psicólogos, professores, empresários, assistentes sociais e outros engajados nesse trabalho ecumênico e suprapartidário.

Na experiência da Pastoral da Criança, promover a educação de lideranças nas comunidades carentes e bolsões de miséria e dar-lhes apoio e ânimo na luta contra a fome, a violência familiar e comunitária têm conquistado grande êxito.

A prevenção é o melhor caminho para construir a cultura da paz. Só com a sociedade civil organizada, o terceiro setor, o empresariado e o poder público trabalhando juntos, buscando um mesmo ideal, poderemos alcançar o bem-estar para todos.

rita Camata

> *"É dever da família, da sociedade e do Estado assegurar à criança, com absoluta prioridade, o direito à vida, à saúde, à alimentação, à educação, ao lazer, à profissionalização, à cultura, à dignidade, ao respeito, à liberdade e à convivência familiar e comunitária, além de colocá-la a salvo de toda forma de negligência, discriminação, exploração, violência, crueldade e opressão" (art. 227 da Constituição).*

Esse artigo detonou o processo que culminou na elaboração de uma nova lei, o Estatuto da Criança e do Adolescente (ECA), considerado pela Organização das Nações Unidas a mais perfeita tradução da Convenção Internacional dos Direitos da Criança.

Infelizmente, em contradição com o previsto na lei, vemos dia a dia o distanciamento entre a norma jurídica moderna e a realidade de nossas crianças e adolescentes.

Uma das formas de maior desrespeito à infância em nosso País é a exploração sexual. Aliciamento, abuso e sedução não são os únicos meios adotados para a obtenção do prazer de adultos inescrupulosos e até doentes. Por exploração sexual e comercial compreende-se a utilização do corpo e do sexo de uma criança e/ou adolescente, com ou sem o seu consentimento.

São considerados exploradores os clientes, os intermediários e os aliciadores do comércio sexual, envolvidos na atividade conhecida como "prostituição infanto-juvenil". Da mesma forma, são considerados crimes de exploração sexual, com punições previstas em lei, a produção, a comercialização e o consumo de pornografia infantil.

A exploração sexual de crianças e adolescentes chega ao ponto de termos redes internacionais organizadas para facilitar o acesso dos turistas aos nossos meninos e meninas. O agenciamento e as falsas promessas de empregos rendosos trazem do interior para as cidades meninas de 12 anos, que são forçadas à prostituição em troca da alimentação. O negócio do sexo prospera multiplicando saunas, empresas de acompanhantes, classificados em jornais, produção audiovisual, sexo-turismo e outras formas que exploram crianças em idades cada vez mais tenras, subtraindo-lhes a infância e fazendo delas adultos precoces, impondo-lhes verdadeira mutilação psicológica e física e tolhendo-lhes o desenvolvimento equilibrado.

É necessário, portanto, uma ampla e permanente campanha, com o envolvimento ativo da família, da sociedade e do Estado, denunciando as práticas de exploração sexual, exigindo o cumprimento da lei e a punição dos abusadores e exploradores. É fundamental proteger nossos pequenos dos riscos que correm, assegurando-lhes integração social e bem-estar. Um dado extremamente preocupante é o fato de 75% dos casos registrados de abuso e exploração sexual terem como agressor/explorador alguém que faz parte do sistema familiar, que convive de alguma maneira com a vítima e exerce sobre ela poder ou influência, mantendo laços de autoridade ou afeto.

Nós, parlamentares, assim como todos os segmentos responsáveis da sociedade, temos o dever de fiscalizar e cobrar das autoridades competentes uma ação pró-ativa em defesa da infância e da adolescência sujeitas à exploração. Precisamos lutar pela formulação de políticas públicas de proteção, promoção e dignificação da infância, pois as existentes não são suficientes.

Não podemos mais tolerar a negligência para com esses segmentos, devendo reivindicar melhor distribuição de renda, assistência à família, saúde e educação. A falta de saúde e de escola também subtrai a infância de nossos meninos e meninas, pois a exclusão social as expõe ainda mais à exploração e aos abusos de toda ordem.

gISELA WAJSKOP

A criança está experimentando desde muito cedo coisas que talvez não tenha condição de experimentar. Ela, precocemente, toma contato com a violência, o sexo e as drogas, como conseqüência de um processo cultural que envolve vários fatores.

Não existe uma única causa que poderia ser evitada por meio de trabalhos de prevenção ou com políticas públicas. Existem, sim, várias incidências. Uma delas é que, de fato, a globalização e a virtualização da comunicação permitem que as crianças passem a ser "parceiras" dos adultos na vida social. Ou seja, têm acesso às informações e aos conhecimentos cada vez mais cedo, tornando essas coisas parte de suas próprias experiências emocionais e afetivas. Isso vale tanto para as crianças de classes sociais mais favorecidas quanto para as mais pobres que, na sua grande maioria, já vivenciavam situações complicadas, como mudanças de parceiro da mãe, abandono do pai etc. O contato com esses elementos da sociedade leva as crianças a vivências para as quais nem sempre elas têm recursos suficientes para compreender. Por exemplo: uma criança que assiste a uma cena de sexo, violência ou uma cena com pessoas bebendo não consegue compreender o contexto no qual aquilo tudo está acontecendo. É quando as relações sexuais passam a ser, para a criança, relações de violência, que, por sua vez, são iguais a uma cena de pessoas bêbadas. As crianças não têm condições de pensar, refletir essas situações, tampouco de se defender delas.

Outro fator a ser relacionado a esse processo é a própria sociedade, que se multiplica e se diversifica, democratizando costumes e relações sociais. As crianças convivem com essa sociedade "democratizada", porém, sem ter a moderação de um adulto. Paralelamente a tudo isso, as famílias, por sua vez, deixaram de cumprir seu papel de dar autoridade e ajudar as crianças a discriminar critérios. Hoje nós vemos, em todas as classes sociais, problemas com drogas ou gravidez precoce entre adolescentes. Isso porque a própria família se vê influenciada por essa democratização dos costumes juntamente com a falta de compreensão dessas novas relações, o que as impede de ajudar seus filhos. Para uma criança crescer de maneira saudável, ela tem de escutar muito mais "não" do que "sim". Desse modo, ela vai poder discriminar aquilo que é bom do que não é.

É claro que neste embate o papel da televisão é fundamental. Seria necessário uma melhor seleção do que a criança assiste. Hoje qualquer criança tem acesso à tevê o dia todo. Não é preciso fazer censura, mas, ao menos, algumas recomendações quanto aos horários e dias da semana. Sabe-se que aos sábados e domingos, por exemplo, as crianças vêem televisão o dia inteiro; então, nesses dias, o material a ser divulgado poderia ser filtrado. Mas cabe também à família impor esse limite. Para isso, seria importante ampliar o leque de opções das crianças. Possibilitar que elas tenham mais tempo para brincar. Mas brincar de verdade: subir em árvore, fantasiar-se, experimentar brincadeiras novas. As crianças, sobretudo as de classe média, têm muitos compromissos. Isso acaba sendo estressante para elas e as faz sentir que na família há pouco espaço para conversar sobre suas dúvidas. É essencial expandir mais o debate sobre os riscos da não-colocação dos limites. É fato que as crianças dependem dos adultos e têm neles seu modelo. Assim, se o adulto acha que pode tudo e compartilha esse pensamento com a criança, ela não conseguirá construir uma identidade autônoma, porque vai imitar essa postura sem limites.

Quanto às escolas, tanto públicas quanto particulares, o problema maior é a dificuldade em acompanhar esse processo de mudança cultural que, na realidade, traz à tona uma questão maior: o prazer. Ao mesmo tempo que a droga é nefasta, ela aparentemente resolve os problemas, porque é prazerosa. E é isso que as crianças procuram. As escolas não estão pensando em atividades alternativas. Opções que igualmente lhes dêem prazer, como cursos de arte extracurriculares (teatro, desenho, música). Seria preciso conversar com o jovem sobre suas dificuldades no campo da sexualidade, da expressão e da comunicação. Porém, nem todos os professores e responsáveis pela educação conseguem entender essas questões sob essa perspectiva.

UTE CRAEMER

Depoimentos de jovens da Febem:
"Sinto um buraco no coração."
"Sempre tem um vazio dentro de mim."

Infância subtraída... eis o tema deste artigo. Infância na sua essência é desenvolvimento, criatividade, é achar seu caminho, caminhando, brincando, experimentando. Infância é procurar sua luz interna e encontrar seu destino como ser humano, ter dignidade humana e cidadania. Portanto, infância subtraída seria o quê? Seria a infância sem dignidade, cidadania, origem espiritual...

Quando vemos crianças no farol e quando escutamos depoimentos de jovens da Febem, percebemos que – além de alimentação, moradia, educação e saúde – a alma da criança e o espírito que nela vive procuram outro alimento: arte, cultura e um sentido na vida. O vazio ao qual os meninos da Febem se referem não se criaria se tivessem tido esse alimento.

"Educar", disse Hesiod, "não é encher um balde, mas acender um fogo." Acender esse fogo é a meta sagrada da educação, não apenas capacitar o ser humano a sobreviver. Sobreviver qualquer animal também quer, mas o ser humano almeja muito mais do que isso, pois ele é um ser essencialmente espiritual. Por isso, as recomendações da Unesco, no chamado Delors Report (que teve sua repercussão na LDB - Lei de Diretrizes e Bases do Ensino Fundamental), enfatizam quatro pontos na educação e na formação do ser humano, os quatro pilares da vida global do século 21. Quais são eles? Aprender a aprender, a fazer e a atuar na sociedade, a conviver com as diferenças e aprender a ser.

Num mundo em constante e rápida transformação, aprender a ser criativo, atuante, consciente e cooperativo é principalmente aprender a ser um ser pleno, "elevar a sua mente para o plano universal e, na medida do possível, transcender a si mesmo" (Delors Report).

Um menino da favela Peinha (9 anos) me perguntou no meio da aula de leitura: "Tia, conta como era antes, quando eu morava no céu!" Contei como ele, antes de vir ao mundo, olhava para a Terra e via que tinha muitas tarefas para cumprir, pois o mundo estava em chamas. E, embora ele tivesse um pouco de medo, decidiu procurar seus pais na favela em São Paulo (um dos lugares mais difíceis para viver) para cumprir sua missão: construir um mundo mais digno para viver. Apesar de o ponto de partida na sua vida ser tão árduo e a sua educação escolar tão materialista, teve a chance de achar educadores no Centro de Juventude da favela que mantêm vivas nele a chama e a luz para transformar este mundo impregnado de violência e de esterilidade espiritual.

dENISE lACROIX rOSENKJAR

> "Vaca amarela...
> Peguei...
> Ciranda, cirandinha...
> Corre cotia..."

Fecham-se os olhos e parece que a imagem da infância vai desaparecendo ou não passa de uma tela velha que ficou esquecida em um canto qualquer da casa.

Diante das palavras infância e subtraída, deparei-me com um grande susto interno: as minhas lembranças de infância não guardam semelhanças significativas com a infância de meus filhos.

O que aconteceu? Onde buscar explicações para o distanciamento?

Outra constatação é que o tempo histórico foi bastante curto face à tecnologia, aos valores e à memória. As necessidades econômicas continuaram prevalecendo, apesar de todas as lutas travadas nas décadas anteriores por diferentes grupos sociais.

Não se trata de estabelecer comparações saudosistas ou de correr atrás do tempo perdido, mas posicionar-me diante do meu susto interno e começar a desembaraçar a linha e desatar os nós.

Deixei que o senso comum guiasse o meu pensamento e, nessa fase inicial, os meios de comunicação foram os primeiros a se apresentar. A violência explícita: chicotes, máscaras, véus, cacetetes... aberrações de toda a sorte. A violência oculta: poucos dados e poucas informações sobre a desigualdade social. É como se ela não existisse; assim como não há evidências do diálogo, da reflexão e da busca de outras possibilidades.

Cheguei à conclusão parcial de que a televisão, o computador, o videogame e outros tantos subtraem a infância pelo tempo que aprisionam as crianças e pelo pouco de imaginação e inventividade que delas esperam. Na maioria das vezes, tudo é oferecido pronto e acabado. Não resta possibilidade de interação, salvo mudar de canal ou de página na Internet e ver mais um pouco do mesmo, transmutado em outras roupas e cores diferentes.

Conversei com quem estava mais próximo do assunto. A conversa girou em torno do apelo sexual, das novas artimanhas da propaganda que envolvem o público infantil, tendo em vista as exigências do mercado consumidor. Nada incorreto, mas nada de novo ou nada sobre o que ainda não se falou.

Então deixei que as lembranças viessem à memória. Vieram os amigos e, inevitavelmente, as brincadeiras. Ficávamos em casa quando chovia. Caso contrário, estávamos na rua: esconde-esconde, amarelinha, boca-de-forno, peteca, bola e tantas outras possibilidades que se apresentavam a meninos e meninas. Já existia a televisão, mas não existiam tantos carros velozes cruzando as ruas e nos empurrando para dentro de casa. O medo de seqüestro, a proximidade com armas de fogo e os tóxicos também não nos encurralavam no pátio da escola e, em outras situações, em condomínios fechados e shoppings centers.

As gerações futuras perderam os companheiros de brincadeira. A melhor amiga!

Não basta resgatar brincadeiras antigas. É preciso vencer o medo e reinventar o espaço, brincar junto. A lógica cruel do mundo do trabalho subtraiu a infância e o tempo da brincadeira. Essa lógica é mais antiga que meus pais e meus avós e nela reside o embrutecimento das relações e do total descaso com a infância e com a adolescência.

Ainda pude brincar porque nunca fui irremediavelmente pobre e também porque os perigos da violência urbana nunca estiveram tão próximos como agora.

"O Brasil tem uma longa história de exploração da mão-de-obra infantil. As crianças pobres sempre trabalharam. Para quem? Para seus donos no caso das crianças escravas da Colônia e do Império; para os 'capitalistas' do início da industrialização, como ocorreu com as crianças órfãs, abandonadas ou desvalidas a partir do final do século XIX; para os grandes proprietários de terras como bóias-frias; nas unidades domésticas de produção artesanal ou agrícola; nas casas de família; e, finalmente, nas ruas para manterem a si e a suas famílias" (Irma Rizzini, em *História das Crianças no Brasil*).

Diante da tecnologia, o tempo histórico foi curto, mas a mortificação do trabalho, como se vê, é um fenômeno de longa duração.

Além de ensinar e brincar junto, é necessário criar uma nova ética que norteie a distribuição das riquezas materiais. Sem que isso aconteça, continuaremos todos subtraídos de dignidade e impossibilitados de vivenciar prazeres que se assemelham aos doces da infância e aos períodos de férias escolares.

A escola também precisa ser repensada em seus princípios e crenças.

A História já demonstrou e continua demonstrando que não é verdade que a ascensão virá só através da escolarização. Então, por que não viver o presente com nossas crianças? Valorizar o que elas já sabem e carregam consigo? Abrir um grande espaço de discussão que possibilite a busca do passado no sentido de nos fazer entender quais as razões que levaram nossa sociedade a fazer as escolhas que fez. Entidades como o Sesc, que desenvolvem projetos ligados ao universo infantil, são um espaço privilegiado onde prevalece a cooperação, a construção de um repertório cultural e social, negado pela massificação e pela despolitização, sendo essa a grande tarefa educacional neste final de século. Não podemos fechar as portas para o que ainda restou da infância, dos seus cheiros e de seus barulhos. As crianças ainda estão lá, pois provam, a cada dia, um amor ilimitado a quem as escuta.

"A tela da tevê e o monitor do computador passam a fazer parte do mundo infantil. Mas na memória de quem foi criança e viveu de brincar estão bem arquivados os momentos de uma infância feliz, e as brincadeiras e os brinquedos tradicionais renascem a cada dia, dando novas oportunidades àqueles que começam a descobrir o mundo" (Raquel Zumbano Altman, em *História das Crianças no Brasil*).

Percebo que o desafio é maior: mais que aproximar a minha infância da infância de meus filhos, faz-se necessário trabalhar pela não-subtração da infância já vivida e de todas aquelas que ainda devem ter assegurado esse direito. O combate ao trabalho infantil e o repúdio à prostituição e ao abjeto tráfico de entorpecentes, que inclui crianças em suas rotas, devem ser as bandeiras de todos nós. Firmar parcerias com todos os segmentos da sociedade civil dispostos a incrementar e a instalar políticas culturais e de resgate de identidade é a primeira estratégia a nos unir frente à não-subtração da infância. Pobres ou ricas, negras ou brancas, meninos ou meninas... indistintamente as crianças precisam ser vistas como nossas, amadas e compreendidas.

MUDANÇAS URBANAS EM SÃO PAULO

"O modelo industrial que, de certa maneira, funcionou anteriormente, hoje está esgotado diante das mudanças radicais na territorialização das atividades. Se não houver nenhuma ação no sentido de construção desse novo modelo, será o caos, que, aliás, já se instala"

São Paulo, novo mapa

De alguns anos para cá, a área metropolitana de São Paulo vem perdendo suas indústrias, que migram para outros locais. Tal movimento representa uma mudança na fisionomia econômica da região: cada vez mais empreendimentos comerciais e de serviços são implantados. Esse processo de terceirização teve origem em uma verdadeira combinação de fatores. Iniciou-se com um inusitado surto de proliferação industrial que trouxe grandes montadoras de veículos e fábricas de autopeças para os arredores da paulicéia. Em busca desses postos de trabalho, um afluxo enorme de pessoas se instalou nessas áreas e fez deslanchar um intenso processo de conurbação. Antes da aceleração industrial dos anos de 1960, foram as fábricas de artefatos instaladas ao redor das ferrovias da cidade que fizeram florescer bairros operários como Lapa, Belém, Mooca, Tatuapé e outros. Nessa época quem podia pagar mais ocupava as áreas altas do município, na região da avenida Paulista. Tal configuração urbana fez surgir um corredor – centro-sudoeste –, onde se concentra boa parte da renda da cidade. Agora, com a saída das indústrias, as áreas antes ocupadas por elas estão ociosas ou subutilizadas. Os serviços que antes ocupavam o "corredor da renda" começam a extrapolar esse limite. Uma nova paisagem urbana paulistana está em plena ascensão. O que ela tem de bom e de ruim? É do que trata este capítulo.

Artigos de:
    Aziz Ab'Sáber, geógrafo.
    Raquel Rolnik, urbanista.
    José Aníbal, economista, ex-deputado federal (PSDB-SP).
    Nicolau Sevcenko, historiador e escritor.
    Antonio Prado, economista.
    Gilson Packer, técnico do Sesc São Paulo.

aziz ab' sáber

O processo de terceirização de funções que atingiu a cidade de São Paulo teve origem em uma verdadeira combinação de fatores. A partir de 1960 aconteceu um inusitado surto de proliferação industrial. Indústrias de transformação, grandes montadoras de veículos e fábricas de autopeças proliferaram ao longo das colinas, por onde passavam os modernos eixos viários direcionados para o porto de Santos e o médio Vale do Paraíba. E, mais sincopadamente, para Sorocaba, Jundiaí e Campinas. No passado (1915-1955), o industrialismo foi basicamente implantado ao longo das ferrovias, através de maciços galpões, de estilo rústico e clássico. Atualmente, na maior parte dessas faixas antigas de industrialização ocorre um cenário de destruição, reciclagem e fragmentação espacial. Em compensação, um grande número de indústrias – as mais diversificadas possíveis – seguiu o roteiro de algumas auto-estradas preferenciais, estendendo-se para além do município de São Paulo. É indispensável lembrarmo-nos de que, no último quarto de século, o afluxo de trabalhadores braçais, em disputa por trabalho na região da Grande São Paulo, deslanchou um processo de conurbação "arrolar" agigantado e inestimável.

Convém lembrar que os antigos armazéns, ditos de "secos e molhados", as vendas e vendinhas, bares e quitandas, tornaram-se insuficientes para o abastecimento dos bairros mais abastados, ou até mesmo dos bairros dominados por uma classe média volumosa e em plena ascensão sócio-econômica (1970-1990). Mais ou menos nesse intervalo de tempo ocorreu a proliferação de supermercados, minimercados e hipermercados. O comércio varejista se expandiu por ruas e avenidas da periferia da metrópole central, a partir dos velhos "balões" de bondes elétricos: ruas da Lapa, entornos do Largo de Pinheiros, da Ceagesp, da Penha, das estações ferroviárias de Osasco, Carapicuíba e Itapevi; linearmente na rua Teodoro Sampaio, Celso Garcia, Voluntários da Pátria (Santana), Corifeu de Azevedo Marques, Autonomistas e muitas outras. Na metrópole intermediária e externa, ruas de apoio comercial múltiplo no Jardim Bonfiglioli, Rio Pequeno, Cotia, Vargem Grande, Itaquera, São Miguel, Santo Amaro, Interlagos, São Bernardo,

Santo André, São Caetano, Diadema e Mauá. Se a rua Teodoro Sampaio é um protótipo de artéria dominada por um comércio varejista múltiplo e certamente semipopular, a avenida do Rio Pequeno e a alongada rua Inocêncio Seráfico (Carapicuíba) são protótipos de artérias de comércio e serviços na metrópole externa, em franco processo de mutação. Rio Pequeno, nas margens de uma pequena planície aluvial, Inocêncio Seráfico estendendo-se por um espigão divisor de sub-bacias. Esta última alcunhada por alguns, de modo pejorativo, de "avenida Paulista dos pobres".

Um penúltimo conjunto de fatos sobre a terceirização da cidade de São Paulo, típico da metrópole interna, é relativo à proliferação de "descartes" comerciais especializados, que se esboçou pelos anos de 1930 e permanece até hoje, fim do século.

A expansão dos loteamentos que deram corpo àquilo que hoje se chama de "centro expandido" teve um defeito endógeno: pensou-se sempre em urbanização para funções residenciais, deixando de lado a séria questão das áreas de serviços e distritos de abastecimento. Disso resultando, nos ciclos posteriores de (re)construção do espaço urbano, que houvesse lugar para uma descentralização dos modelos de comércio até então predominantes. Para atender todos os quadrantes da metrópole em estruturação, as feiras livres semanais desempenharam um importante papel no abastecimento distrital, em gêneros alimentícios, hortigranjeiros e produtos de necessidade mais rotineira. Impunha, porém, alguma estrutura comercial mais diversificada e permanente.

Após uma estratégia incompleta do poder público de instalar mercados municipais próximos de pontos terminais de bondes elétricos – nas portas antigas da cidade –, houve uma tendência para a constituição de núcleos comerciais, do tipo subcentral, no entorno dos mercados e antigos "balões" de bondes elétricos (Lapa, Pinheiros). Estendeu-se da periferia para o centro uma faixa de comércio e serviços ao longo das artérias de ligações (rua Teodoro Sampaio, avenida Voluntários da Pátria, Bom Pastor, entre outras). Enquanto a periferia do centro histórico sofria um extraordinário processo de descarte de funções comerciais e de serviços, os subcentros periféricos da cidade projetavam setores lineares de comercialização, parcialmente orientados na direção do centro. Esse foi o quadro mais flagrante detectado por Jüergen Langenbuch em seu notável estudo sobre a estruturação da Grande São Paulo. Este era o cenário esgarçado da terceirização paulistana, que prevalecia sobretudo até meados do século. As primeiras modificações nesse quadro - que certamente não podia competir com o acelerado processo de industrialização do ABC - dependeram da rápida implantação de super e minimercados por toda parte, principalmente a partir dos anos de 1950 e início dos de 1960. Miríades de estabelecimentos comerciais do tipo supermercado de pequeno porte, pertencentes a proprietários diferentes, partilharam a região metropolitana, compreendida em seu todo. Os grandes, hiper e supermercados tiveram que se ver com espaços para estacionamento, o que certamente encareceria sua implantação. Uma grave questão que os shoppings centers tiveram que enfrentar, prioritariamente. O certo é que enormes e diversificados supermercados, pertencentes a grupos econômicos dotados de recursos e poder econômico junto ao sistema bancário, foram localizados nos mais diversos locais. Sempre, porém, além da área subcentral de São Paulo, impedidos pela força da opinião pública de se inserir no meio de bairros burgueses tradicionais. Na década de 1970 já se tinha conhecimento dos efeitos degradatórios e transformadores da presença de grandes supermercados e dinâmicos shoppings centers. Humildes ambientalistas defenderam a burguesia paulistana em face da pressão de algumas empresas para obter a aprovação oficial para localizar centros de comércio em bairros como Jardim Europa, Pacaembu e Higienópolis. Disso resultou que redes internas de supermercados procuraram sítios de implantação em amplos terrenos próximos das marginais ou nas saídas de rodovias, onde podiam ser estabelecidos amplos e atraentes estacionamentos. Os shoppings centers, baseados em consultórios especializados, adotaram a mesma estratégia dos grandes supermercados, além de levar em conta as potencialidades de alguns eixos viários e artérias em construção. Concedendo especial atenção para os bairros de seu entorno e o acesso automobilístico de seus futuros clientes. Alguns erros de localização foram compensados pela valorização indireta do entorno, reforçando tardiamente a economicidade do empreendimento. Nesse sentido, foi importante a adoção ou reformulação de algumas funções novas, de grande atratividade, tais como preços de refeição, restaurantes, fotóticas, cabeleireiros e miniparques infantis. E, sobretudo, cinemas. Agora os moradores de setores mais distantes da metrópole interna freqüentam somente os cinemas situados no interior dos shoppings. Alguns desses centros de negócios possuem de quatro a oito cinemas.

A desaceleração e a relocação do movimento industrial em diversos quadrantes da região metropolitana, aliadas a uma espécie de guerra fiscal intermunicipal e inter-regional, através de ofertas sedutoras de terrenos e isenção de impostos, tiveram um impacto altamente negativo para São Paulo e ABCD. Em contraposição, a relocação de distritos centrais de negócios (CBD's) do interior do corpo urbano metropolitano para a região da Paulista, Faria Lima, Itaim, avenida Carlos Berrini, além da marginal Tietê. Enquanto super e hipermercados, em parceria com algum shopping center, estendiam-se e funções de serviços se multiplicavam por toda parte, feneciam as faixas industriais da margem das ferrovias e perdiam fôlego e se retraíam as indústrias situadas nas colinas rasgadas por rodovias. A terceirização se expandia por toda a cidade de São Paulo, também a maior parte da metrópole intermediária (expressão introduzida por Malta Campos) e a nébula de bairros e subúrbios adensadores da metrópole externa.

rAQUEL rOLNIK

O espaço da cidade de São Paulo foi estruturado em torno da indústria. Até mesmo as leis que definem o que cada um pode ou não fazer sobre seu terreno estão organizadas dentro dessa lógica industrial. As regiões baixas, regiões das várzeas, foram escolhidas pelas ferrovias no final do século. Com isso, começou a surgir uma configuração da metrópole em que essas regiões foram sendo progressivamente ocupadas por bairros industriais operários. Há uma infinidade deles: desde a Lapa, na zona oeste, até Belém, Mooca, Tatuapé, na zona leste; no sudeste e até o ABC. Nesse mesmo momento, a habitação de melhor renda ocupava as áreas altas da cidade. Um exemplo emblemático foi a abertura da avenida Paulista, de nível habitacional de alta renda. Essa configuração, aliada ao afastamento das elites do centro da cidade e das áreas industriais operárias, acabou por configurar o centro-sudoeste de São Paulo (geograficamente do centro em direção à Paulista, Jardins, Faria Lima), tornando-se a área de concentração de alta renda da metrópole. É impressionante como essa estrutura foi preservada mesmo diante das novas ondas industriais dos anos de 1950. Agora, com a saída da indústria, boa parte das áreas que antes eram ocupadas por grandes galpões industriais hoje está ociosa ou subutilizada. Enquanto isso, o setor terciário (comércio e serviços), que antes concentrava-se totalmente no centro-sudoeste, começa a se espalhar "aleatoriamente" por todo o território da cidade. A emergência dos shoppings centers e dos hipermercados significa um novo modo de organização do espaço comercial e de escritórios, que contraria totalmente a lógica antiga. Hoje, um shopping center não precisa estar instalado em um centro comercial. Um bom exemplo é o shopping construído na avenida Aricanduva, que não possui um centro comercial. Esses empreendimentos aproveitam as oportunidades deixadas nessas antigas várzeas, à margem das grandes vias de penetração, que no passado foram estruturadas em função da indústria, mas que servem de grandes eixos de acessibilidade da metrópole.

Trata-se de um momento de transição no qual se destaca uma contradição muito grande na velha ordem. O modelo industrial que, de certa maneira, funcionou anteriormente, hoje está esgotado diante das mudanças radicais na territorialização das atividades. Se não houver nenhuma ação no sentido de construção desse novo modelo, será o caos, que, aliás, já se instala.

Além de tudo, a maior parte dos projetos de centros comerciais, seja shopping ou hipermercado, é voltada para dentro, ou seja, não traz nenhuma nova qualidade de espaço público que possa ser desfrutado pela população. Na verdade, são "caixotões" com megaestacionamentos, que geram a fragmentação do espaço e condenam o espaço público, já depreciado pelo próprio modelo metropolitano. Vivemos um momento mais que oportuno para expandir iniciativas de mudança na formulação de um novo projeto para São Paulo. Mas, evidentemente, ele tem que ser conduzido pelas autoridades políticas que, ao menos na cidade de São Paulo, não mostram nenhuma legitimidade para isso.

JOSÉ ANIBAL

Os administradores públicos de São Paulo e a sociedade em geral estão diante de um enorme desafio: preparar a nossa cidade para o terceiro milênio. Se essa prioridade não for levada a sério, estaremos condenados ao caos urbano, traduzido em enchentes, acúmulo de lixo, falta de moradia, insegurança e desemprego. Por outro lado, se entendermos a vocação da cidade de São Paulo, teremos as melhores condições de viver num ambiente saudável e desenvolvido.

Está claro que o grande período industrial paulistano esgotou-se. São raras as empresas industriais que abrem novas fábricas dentro da cidade. Elas têm procurado, com razão, outras regiões do Estado de São Paulo. A capital transformou-se em um centro produtor de serviços e é esta vocação que deve ser estimulada em suas múltiplas facetas.

O governo do Estado de São Paulo tem clareza de seu papel neste processo. Em primeiro lugar, assegurar serviços públicos de qualidade ao cidadão, como transporte, saúde, educação e segurança. Depois, estimular investimentos privados na área de serviços e, ao mesmo tempo, promover programas de requalificação profissional, já que o mercado passa a exigir mão-de-obra com características diferentes daquela utilizada pela indústria.

Existem setores que permitem avanços quase imediatos. O turismo de negócios, por exemplo. Hoje, a cidade de São Paulo não consegue atender à demanda por congressos, feiras e exposições. Trata-se de um mercado que mobiliza organizadores de eventos, hotelaria, restaurantes, comércio em geral, comunicações, táxis, serviços de limpeza. Enfim, é um grande gerador de emprego e renda. Por orientação do governador Mário Covas, o turismo de negócios está no topo da lista de prioridades do governo estadual.

Adaptam-se também às características da cidade de São Paulo indústrias não-poluentes ligadas à informática. A produção e venda de softwares, por exemplo.

Cabe ao governo, no esforço de gerar desenvolvimento voltado ao cidadão, criar pólos tecnológicos, com formação de mão-de-obra especializada. Neste momento, estamos trabalhando no sentido de instalar um destes pólos na zona leste da cidade, região onde moram nada menos do que 3 milhões de pessoas. Se fosse uma cidade, a zona leste seria a segunda maior do estado. Fica claro que são necessárias políticas específicas para cada região da capital.

Como centro de serviços, São Paulo deve dar atenção especial às micro, pequenas e médias empresas. São grandes empregadores que se destacam no setor de serviços.

O importante nesta ampla discussão sobre São Paulo no próximo milênio é definir a vocação da capital, traçar objetivos e mobilizar o espírito empreendedor dos que vivem aqui, para que o desenvolvimento leve à melhor qualidade de vida, com revitalização e rejuvenescimento da cidade e da cidadania paulistana.

NICOLAU SEVCENKO

A história de São Paulo é centrada na modernidade. A cidade, a rigor, adquiriu a sua feição metropolitana apenas no século XX. Até essa data, sempre foi um centro marginal. As áreas econômicas relevantes ou estavam concentradas no litoral, ou no interior do estado. Foi a partir do *boom* da cafeicultura e da influência estrangeira que o panorama mudou por completo. Era de interesse dos investidores ingleses criar uma situação na qual pudessem comprar toda a produção de café durante o período da colheita, quando os preços caem drasticamente. Pretendiam, também, concentrar a plantação em algum ponto no alto do planalto, a fim de escoar o produto aos poucos. Após essa manobra econômica, em detrimento do estoque único no porto de Santos, São Paulo passou a centralizar uma fonte prodigiosa de riqueza. E grande parte dessa riqueza se diversificou em atividades alternativas ao plantio, vinculadas a atividades industriais, comerciais e financeiras. A cidade assume uma feição metropolitana a partir dos anos de 1920, tornando-se a porta de entrada para o movimento modernista. Essa metamorfose transforma a capital em uma grande experiência urbana/cultural vinculada às novas tendências da cultura internacional. A grande vocação paulistana está no cosmopolitismo em relação ao modernismo e à dinamização econômica.

Entretanto, a cidade perpassou por períodos de refluxo depois de 1930. Um deles ocorreu devido à ditadura militar, quando São Paulo "esfriou" completamente. Com a redemocratização, houve o pensamento de que a comunidade paulista viesse a ressurgir com a mesma energia antiga. É com uma certa frustração e desapontamento que encontramos São Paulo com sua auto-estima ferida. Porém, trata-se de uma capital ambígua. Se por um lado há uma mudança de padrão tecnológico, por outro ela tende a corroer uma coerência que antes tornava mais consistente a fisionomia da cidade e sua atmosfera cultural. Essa nova tecnologia é desagregadora, desinveste o ambiente público e reforça muito mais as práticas isoladas e fragmentárias. Existe uma perda pela retração da cena pública, ao mesmo tempo que há intensificação dos recursos pelos quais ela pode cumprir sua missão de atualização no cenário mundial.

A degradação urbana deve-se aos desastres administrativos de um governo que não soube compreender as mudanças que se operam na cidade e que cedeu a grupos isolados. Pessoas que corroem a cidade através de mecanismos obscuros de manipulação de verbas. Mesmo assim, a cidade chega ao clímax de sua potencialidade, ou seja, a possibilidade de interação cultural, tanto do ponto de vista interno quanto externo. Mais do que nunca, São Paulo detém essa qualidade que a tornou uma área de interesse turístico. Um grande centro de mostras de arte, de teatros e de museus. Embora tudo isso seja abafado pelo lado da degradação e do abandono, acredito na possibilidade de reagirmos rumo à recuperação da cidade. Esse é o momento de a população dar a volta por cima, retomar instituições e encontrar um jeito de colocar São Paulo onde ela sempre esteve e soube estar.

aNTONIO pRADO

São muitos os acontecimentos que afetaram a economia brasileira nos últimos meses. Após cinco anos de uma política de estabilização ancorada na sobrevalorização da moeda e em juros reais muito altos, os problemas acumulados apareceram todos de uma vez. O déficit público atingiu níveis insustentáveis para o seu financiamento, como também o déficit de transações correntes. Com a credibilidade da política econômica abalada, o governo tentou uma manobra de desvalorização controlada do real, que resultou em fracasso e exigiu a adoção do câmbio flutuante, determinado pelas forças do mercado. Como já havia ocorrido em muitos outros países que transitaram de uma política de bandas cambiais para a flutuante, o mercado extrapolou o valor do dólar, muito além do que seria o ponto de equilíbrio.

Esse aumento exagerado do preço do dólar recoloca na agenda brasileira os aumentos de preços e o risco do retorno de um processo inflacionário, mesmo que moderado. A reação da política econômica, agora monitorada pelo FMI (Fundo Monetário Internacional), é aprofundar o ajuste fiscal que já estava em andamento desde o final do ano passado e adotar uma política monetária orientada pelas hipóteses de inflação (16,8% para o ano de 1999).

Essa nova política econômica é claramente recessiva e conduzirá a uma queda do PIB (Produto Interno Bruto) de até 4% no ano corrente. Deprimida por anos de juros reais elevados; abertura indiscriminada da economia, que submeteu a indústria a uma concorrência externa muitas vezes desleal e a mudanças estruturais no processo produtivo; e adoção de técnicas poupadoras de trabalho, a geração de emprego em 1999 sofrerá ainda mais. Mesmo considerando que alguns setores exportadores serão beneficiados, o impacto positivo disso sobre o emprego não será suficiente para compensar as quedas no mercado interno.

Dessa forma, a expectativa é de que teremos uma forte retração do emprego no primeiro semestre do ano, o que acrescentará ao estoque de desempregados já existente um número de trabalhadores que jogará as taxas de desemprego para níveis recordes. Teremos a maior crise de desemprego dos últimos dezoito anos, desde o início da crise da dívida externa, no período de 1981 a 1983, quando o Brasil também recorreu ao monitoramento do FMI.

Na região metropolitana de São Paulo, o desemprego médio em 1998 chegou a 18,3%. Essa taxa média será superior a 20% em 1999, com números ainda mais substantivos no primeiro semestre, pois se espera que no segundo semestre a taxa caia por razões sazonais e também pelos efeitos positivos da desvalorização do real sobre o emprego na agroindústria e nos setores exportadores de manufaturados e insumos.

Esse quadro coloca claramente a necessidade de medidas sociais compensatórias para os desempregados. Além de ações que podem ser adotadas em âmbito municipal e estadual, como passes de transporte para desempregados procurarem emprego, suspensão temporária de cobrança de tarifas públicas de energia, água e impostos territoriais, deve-se atuar em âmbito federal visando à ampliação do seguro-desemprego. Já existe uma proposta das centrais sindicais (CUT, CGT e Força Sindical) de modificar a lei do seguro-desemprego de forma a considerar o pagamento de parcelas por faixas de idade. Até 35 anos, cobertura de sete meses; de 35 anos até 45 anos, nove meses; e acima de 45 anos, doze meses. O motivo é claro: o tempo de desemprego cresce com a faixa etária. É importante ressaltar que a atual lei prevê de três a cinco meses de seguro para os desempregados.

gILSON pACKER

Há cem anos, havia na política econômica nacional o pensamento de um Brasil agrícola e extrativista. O ABC paulista, formado por uma minoria de brasileiros e imigrantes (espanhóis, portugueses e italianos), não acreditando muito nessa perspectiva, começou a se movimentar em favor do desafio de um outro Brasil, um Brasil industrial, o que favoreceu, um pouco mais tarde, a instalação de grandes empresas metalúrgicas, químicas, elétricas, têxteis e automotivas. Nos últimos anos, empresas têm se movimentado ao sabor dos ventos de incentivos, atraídas pela competição de uma "guerra fiscal", cedendo espaço para grandes supermercados ou shoppings centers, relacionando-se ainda com uma grande e crescente verticalização urbana, aumentando seu contingente populacional. O impacto desta transformação reflete-se hoje na descoberta de um novo *modus vivendi*. Uma população que antes se reunia em manifestações cívicas e populares ou reivindicando direitos nas portas das indústrias migrou para praças de alimentação e trabalha em pequenas lojas ou em complexos sistemas de apelo ao consumo. Observam-se, assim, mudanças comportamentais, culturais e sociais na população e, onde havia uma próspera indústria, cresce vigorosamente a demanda por serviços. A rua, antes celebrada por seus moradores nos finais de tardes de verão, com bancos e cadeiras nas calçadas, passa ao abandono pela insegurança econômica e social. Seus habitantes se escondem em condomínios fechados cada vez mais atentos ao conforto e ao refúgio do lar. A formação dessa nova "cultura de apartamento" recebe um engenhoso aparato de apoio e atrativos: disque-comida, tevê a cabo e *pay-per-view*, comunicação mundial, supermercado on-line, janela anti-ruído etc. A relação existente entre espaço público e privado (casa-rua) desaparece gradativamente para dar lugar à relação do espaço privativo particular – casa – outro espaço também com poderes privativos: o shopping. A complexidade dessas alterações é tão nova para uma população com uma identidade industrial, como o Grande ABC, como para a maioria dos grandes centros urbanos, com o diferencial da permanente disponibilidade de colocar em discussão seu papel frente ao país e a si mesma, como prova sua própria história. Mais recentemente, como reação a esse processo, tivemos a formação da Câmara do Grande ABC, um consórcio intermunicipal que formula o planejamento estratégico regional em conexão com o governo do estado, poder legislativo e entidades civis, mediante acompanhamento popular. Nessa instância, que congrega vários grupos de trabalho, debatem-se questões como qualidade de vida e exercício da cidadania. Entre inúmeras instituições interessadas, o Sesc tem estado ativamente nas discussões de propostas culturais, acompanhando os passos da formação de uma nova sociedade, que poderá saber aproveitar na sua totalidade suas tardes de verão.

a paulicéia no cartão-postal

"(...) eu rondo a cidade
a te procurar sem te encontrar"

Paulo Vanzolini, em Ronda

MUITO FEIA NA FOTO

Apesar de contar com uma das maiores infra-estruturas de cultura, gastronomia e lazer, mesmo entre as nações desenvolvidas, São Paulo raramente se encaixa no roteiro preferencial dos turistas. Ao contrário de outros centros urbanos, cujo destaque não é a beleza natural – como Buenos Aires, para ficar num exemplo –, a cidade deixa de atrair um número maior de visitantes, e suas divisas, mesmo tendo uma das noites mais sofisticadas do mundo e de exibir em seus teatros um cardápio musical variado. A despeito dessa riqueza de ofertas, São Paulo não é um pólo turístico. O que fazer para incrementar esse potencial da metrópole, capaz de gerar milhares de empregos, sem causar maiores problemas para o meio ambiente, é o que especialistas discutem nos ensaios deste capítulo.

Artigos de:
RODOLFO KONDER, ex-secretário da Cultura do Município de São Paulo, é escritor e jornalista.
RICARDO LOPES CASTELLO BRANCO, ex-diretor-presidente da Anhembi. Turismo e Eventos da Cidade de São Paulo.
SÉRGIO MAMBERTI, ator.
MASSIMO FERRARI, proprietário do restaurante Massimo.
CRISTINA PUTZ, jornalista.
NELSON LOURENÇO, sociólogo, é técnico do Sesc São Paulo.

RODOLFO KONDER

O Mercosul é definitivamente o nosso destino. Assim decidiram os deuses – e a geopolítica –, mas posso garantir que eles não foram cruéis conosco em sua unânime decisão. Ao contrário, agiram com generosidade e merecem nossos agradecimentos.

O Mercosul será nosso meio de transporte para a economia globalizada e para o século XXI, que André Malraux definiu como "o século da cultura".

Nas praias de Montevidéu, às vezes banhadas pelas águas salgadas do Atlântico Sul, às vezes pelas águas doces do rio da Prata, ou nas calçadas da avenida 18 de Julho, batidas pelo Minuano, ou na Plaza de La Independencia descobre-se uma cidade charmosa, discreta e civilizada. Um pouco adiante, rio acima, há uma fantástica cidade térrea, elegante e sensual – Buenos Aires –, sempre azul na primavera com suas largas e arborizadas praças alegres, avenidas movimentadas, excelentes restaurantes, cafés tradicionais, lojas de todos os tipos, livrarias abarrotadas, modernos shoppings centers, museus, teatros, o Teatro Cólon, as ruas francesas da Recoleta, os calçadões de Puerto Madero, as madrugadas agitadas sem medo e sem violência. Mas, no interior do continente, Assunção é a menor e mais pobre das três capitais, porém não decepciona os que a visitam, oferecendo-lhes sempre boa comida e muita cordialidade.

Montevidéu, Assunção e Buenos Aires deixaram de ser cidades estrangeiras, na velha acepção do termo. Montevidéu já não é exclusivamente uruguaia, Assunção não pertence mais apenas aos paraguaios e Buenos Aires já não cabe por inteiro na alma dos argentinos. Elas agora também são nossas. Colorem nossas vidas e ampliam nossos horizontes. Poderemos nadar mais livremente na praia do carrasco e teremos Augusto Roa Bastos e Jorge Luis Borges como autores que honram a nossa leitura. A nova nação, vista de maneira moderna, inclui Uruguai, Paraguai e Argentina - e nos torna atraentes, mais criativos, mais heterogêneos e ricos aos olhos do resto do mundo.

Aqui em São Paulo, a Secretaria Municipal de Cultura já havia realizado, em 1993 e 1994, uma Mostra de Artistas Plásticos (Paraguai, Uruguai e Argentina) e uma Mostra de Filmes Argentinos no Centro Cultural. Com a oficialização do Mercosul, criamos o nosso Núcleo Mercosul Cultural; trouxemos a São Paulo a Filarmônica de Buenos Aires, que se apresentou, com grande sucesso, no Parque do Ibirapuera e no Teatro Municipal; lançamos no Centro Cultural o livro *Soñadoras, Coquetas e Ardientes*, do argentino Daniel Cherniavsky; apresentamos palestra do professor Cláudio Montoro sobre *El Español de Argentina y El Lufardo* e exibimos o show de tangos *La Música y El Baile Porteños*. Realizamos ainda o importante encontro de escritores do Mercosul com trinta convidados latino-americanos e quarenta escritores brasileiros; trouxemos a Grande Orquestra de Tangos de Buenos Aires; fizemos um encontro de Corais do Mercosul e levamos o Balé da Cidade à Argentina, além do megaevento Mercosul Cultural, com 123 atrações, durante 45 dias. Vale mencionar que já começamos a nos beneficiar com a parceria, inclusive recebendo o empréstimo (aluguel simbólico) dos figurinos das óperas *Ëugene Oniéguin* e *Don Giovanni*, o que representou expressiva economia para a Prefeitura de São Paulo.

Argentina, Paraguai, Uruguai e Brasil subiram até o presente pelas águas do mesmo rio. Viveram experiências semelhantes, enfrentaram os mesmos monstros da conquista e do autoritarismo. Exibem cicatrizes comuns e memórias igualmente dilaceradas. Possuem valores compartilhados e redescobriram juntos a democracia e a liberdade. Agora devem caminhar lado a lado, de maneira fraterna e solidária, porque os ardis do destino criaram para todos eles um futuro comum e indivisível.

ricardo lopes castello branco

Capital da cultura, lazer, gastronomia e, principalmente, de negócios, São Paulo é uma grande cidade turística e o maior centro de eventos da América Latina. Cerca de 53,8% dos turistas que visitam a cidade vêm a negócios e 35,2% a lazer.

A capital paulista possui infra-estrutura de Primeiro Mundo, encontrando-se na cidade excelentes hotéis, restaurantes, museus, cinemas, teatros, parques, vida noturna sofisticada e serviços comparáveis aos melhores do mundo. Além disso, acontecem em São Paulo os grandes eventos, feiras, exposições, concertos nos parques da cidade, shows com os maiores nomes da música popular brasileira e internacional, comemorações folclóricas, atividades esportivas, festas comunitárias e o Carnaval, evento que está se tornando o principal atrativo do País.

Como centro de turismo de negócios, São Paulo se mantém fiel à sua vocação de se transformar e crescer, melhorando continuamente sua infra-estrutura urbana e de serviços públicos, aperfeiçoando seu potencial receptivo turístico e diversificando sua produção cultural, de entretenimento e lazer.

Para que São Paulo amplie o seu potencial turístico é fundamental investir na divulgação da cidade, através de uma campanha maciça feita através dos órgãos responsáveis pelo turismo em parceria com a iniciativa privada e os meios de comunicação de massa.

SÉRGIO MAMBERTI

A cidade de São Paulo é a capital cultural do Brasil. Gastronomia, teatro, cinemas, em nenhum outro local existem tantas opções de qualidade. Mesmo assim, a cidade não é um ponto turístico tradicional, a exemplo de Paris e Nova York, onde a potencialidade turística é explorada ao máximo.

Já existe uma consciência de que o perfil industrial de São Paulo está passando para o de uma cidade de serviços. Para que a capital torne-se um ponto turístico de expressão, esse é um ponto fundamental, de maneira a objetivar as atrações já existentes.

A vocação de capital de serviços precisa ser reforçada por uma política da administração pública mais específica nesse sentido, como estímulo junto à sociedade em geral. Não basta apenas investir no turismo, mas também em todos os setores da cidade que estão direta ou indiretamente ligados à atividade.

Para que a cidade explore seu perfil turístico são necessárias iniciativas inovadoras. Um exemplo é o projeto do Banco Real do qual participo. Um teatro de 1.200 lugares será construído junto ao Hotel Transamérica, como um novo espaço que acolherá grandes espetáculos e eventos. É um centro de atividade cultural acoplado à atividade hoteleira, transformando o hotel em um pólo cultural.

Mas, apesar de iniciativas como essas, a participação do poder público é fundamental. Enquanto tradicionais problemas da capital não forem solucionados, não será possível alcançar êxito na empreitada. A questão do transporte público é primordial em uma cidade turística. Se o estado caótico do trânsito e dos transportes coletivos em São Paulo hoje faz com que os próprios moradores tenham dificuldade em se deslocar pela cidade, para os turistas a tarefa é ainda mais árdua. O investimento no transporte coletivo, seja ônibus ou metrô, é um dos primeiros passos para que a cidade exerça seu papel turístico.

Mesmo os setores culturais que já possuem certa estrutura necessitam de um maior investimento. A gastronomia é uma realidade que precisa ser delineada. Deve haver maior divulgação dessa tradição paulistana.

A cidade também suportaria mais salas de teatro, apesar de um número considerável já existente hoje. O mesmo vale para os museus. O MASP, o MAM, a Pinacoteca e o MAC são grandes espaços de cultura, mas devem existir ainda mais espaços de arte na cidade. Não existe, por exemplo, um museu que retrate São Paulo por um de seus lados mais conhecidos: a multiplicidade de povos que a habitam. Não há um espaço destinado a retratar os imigrantes e migrantes que formam um verdadeiro caldeirão de culturas na cidade. É importante observar que junto com esses novos espaços deve ser implantada uma política de descentralização dos centros culturais, levando a cultura a bairros da periferia da cidade. Hoje, grande parte da população que habita os bairros mais afastados do centro não tem nenhum acesso à cultura, não possui nenhum espaço cultural de relevância do qual possa usufruir.

A identidade cultural de uma cidade é outro aspecto de importância. O rápido crescimento e as transformações da paisagem também são questões que devem ser levadas em conta. Bairros tradicionais, como o Brás e a Bela Vista, estão sendo descaracterizados e vêm gradativamente perdendo seu conteúdo histórico. A revitalização do centro de São Paulo e programas de preservação do patrimônio histórico dessas localidades serviriam para manter a identidade cultural da cidade em áreas tradicionais. A capital também precisa voltar seus olhos para a questão do verde. O aumento das áreas verdes, amenizando e humanizando a paisagem, é um modo de fazer com que São Paulo torne-se um local mais agradável, tanto para os que vivem aqui como para os visitantes.

São Paulo tem tudo para se tornar uma capital turística, mas para que isso aconteça são necessárias várias medidas conjuntas para a melhoria da cidade em geral. E o melhor caminho para isso é uma forma de governo voltada antes de tudo para a população que vive nela. Só assim estaremos realmente preparados para acolher os visitantes da nossa cidade de maneira digna, como qualquer outra capital turística do mundo.

mASSIMO fERRARI

São Paulo tem sua convocação turística delineada em função de uma estupenda vitalidade e energia, dada pela sua força de trabalho e sua pujança econômica.

São Paulo já possui todos os "ingredientes" para se tornar um centro turístico mundial, ou seja, usar em grandes quantidades a hospitalidade, o respeito e o sorriso típicos do paulistano. E a alegria em servir, receber, ajudar e até proteger o visitante da cidade; através deles, a "receita" São Paulo ficará muito saborosa e apetitosa e, com certeza, conseguiremos fazer com que todo turista sonhe em vir aqui.

São Paulo é uma capital que contém várias cidades juntas em bairros tradicionais nas suas zonas. Há muito para se descobrir em uma cidade de tais dimensões, que esconde e abriga enormes diversidades culturais que os próprios paulistanos não conhecem. Rica em sua história, São Paulo foi formada por pessoas vindas das mais diversas localidades do mundo e dos mais distantes rincões do Brasil, transformando-a em um verdadeiro mosaico de etnias. Sua geografia regular, a temperatura agradável, a proximidade com o mar, aeroportos espaçosos e malhas viárias aceitáveis são outros pontos que favorecem para conquistar o turista; sem falar das condições ótimas, do grande parque hoteleiro, da boa mesa (gastronomia) de qualidade internacional, das megafeiras, exposições e do comércio competitivo e variado.

Vale lembrar também dos espaços, exposições de arte e eventos de São Paulo, como os museus, os esportes, os teatros, os shows, a arquitetura e até os bairros típicos, enfim, tudo o que compõe a "Alma Popular" da cidade.

Infelizmente, ao lado da liberdade e da beleza, existe a violência e a agressividade, o cinismo e o desespero de uma grande metrópole, onde a desigualdade é acentuada.

Cabe a todos nós "temperar" imediatamente São Paulo para os nossos visitantes. Caso contrário, será um trabalho cada vez mais difícil para a próxima geração dos que residem em São Paulo.

CRISTINA PUTZ

São Paulo hoje compete gastronomicamente com cidades como Nova York, Milão e Paris. Oferecendo aos nossos visitantes um universo crescente de restaurantes de qualidade internacional, sem comparação com qualquer outra cidade neste continente. Temos mais de dois mil estabelecimentos com esse propósito e descobrir novos locais é sempre uma aventura divertida.

Apesar de os paulistanos estarem cada vez mais "sóbrios" e gastando um pouco menos, a sensibilidade para novos valores não chega a matar a sede de novos restaurantes. Com mais opções, a criatividade de nossos chefs e preços mais competitivos, temos escolhas mais abrangentes e todos saem lucrando. Uma estrela surge toda semana, acrescentando emoções a seus freqüentadores.

Hoje, esses freqüentadores têm inúmeras alternativas, tornando cada vez mais interessante sair em São Paulo. Com um inigualável número de locais diversificados, desde os recentes Cantaloup e Danang aos mundialmente famosos Fasano, Massimo e La Tambouille, encontramos uma gama enorme de restaurantes étnicos, cantinas, bares, botecos e casas noturnas para todos os gostos.

Quem gosta de carne, pode escolher entre os inúmeros rodízios, encontráveis somente no Brasil, ou churrascarias à la carte. Alguns oferecem inclusive um treinamento especial aos garçons para poder atender a clientes que não falam português. Os rodízios, na verdade, cresceram, expandiram, sofisticaram-se, e o que era um lugar para se comer quase que exclusivamente carne de boi tem nos seus buffets, hoje, de sushi a vatapá. A carne pode ser de caça, como o javali ou até de avestruz. Todas devidamente aprovadas pelo Ibama.

A colônia italiana, sempre muito grande nesta cidade, traz também tradicionais cantinas, pizzarias e restaurantes de variadas regiões da Bota com qualidade excepcional. O almoço nos finais de semana nas cantinas, oferecendo um pouco de folga da cozinha para a família, e as pizzas aos domingos à noite são costumes enraizados há algumas gerações nos paulistanos. Uma refeição no Família Mancini, tarde na madrugada, é muitas vezes uma necessidade.

Os restaurantes japoneses em São Paulo nunca foram uma novidade devido ao grande número de imigrantes nipônicos. Mas, só com a descoberta internacional dos prazeres de sabores tão originais e saudáveis, é que eles vieram a ser apreciados por quem não freqüenta o bairro da Liberdade. Agora, estão espalhados por todos os lados, inclusive em opções *fast food* dentro de shoppings centers.

Viaje por todo o Brasil através das suas cozinhas regionais. A tradicional feijoada no Bolinha é servida diariamente, mas às quartas e aos sábados pode ser degustada em vários outros restaurantes. Aprecie a comida baiana com seus sabores sedutores, como no vatapá, ou a amazonense com o pato no tucupi; a capixaba e suas variadas moquecas; a nordestina; a nortista como no Radiola São Luis, que serve macaxeira e catuaba; e logicamente a mineira com o feijão tropeiro, a vaca atolada e as deliciosas compotas.

Restaurantes tradicionais com charme especial, como o romântico francês La Casserole, no centro, junto ao mercado de flores, ou o Ca'doro, que já recebeu rainhas e chefes de Estado, compõem o rico e tentador cenário gastronômico desta metrópole. Temos restaurantes tailandeses, gregos, húngaros, coreanos, indianos, escandinavos, mexicanos, e por aí vai mundo afora.

Estamos cada vez mais exigentes, e com isso talentosos chefes de cozinha surgem para aprimorar a comida e o serviço. O pessoal está cada vez mais profissional e dedicado, e como resultado temos uma qualidade de atendimento ascendente. O reflexo do crescimento desse universo pode ser observado quando turistas nacionais e internacionais buscam explorar aqui em São Paulo um dos maiores prazeres da vida que é o deleite de comer bem.

Para facilitar essa busca, existem hoje guias de restaurantes e bares, à venda em bancas e livrarias, indispensáveis a todos que apreciam o hobby de explorar São Paulo gastronomicamente.

nELSON lOURENÇO

Quando pensamos em São Paulo como pólo de atração para turistas, estamos automaticamente radiografando as contradições comuns a todo panorama do turismo no Brasil e potencializando os efeitos negativos da ausência de uma política para o setor. De acordo com dados recentes da Embratur, a cidade é hoje o segundo destino nacional de turismo convencional e, no turismo de eventos e negócios, a campeã no recebimento de visitantes. Cerca de um milhão de pessoas trabalham direta ou indiretamente na área e o turismo produz uma renda anual de 6 bilhões de reais, sendo que cada turista estrangeiro deixa mais de 100 dólares diariamente na cidade.

Analisados isoladamente os números podem dar a impressão de que a situação de São Paulo é, no mínimo, confortável. Entretanto, esses resultados não derivam de ações coordenadas entre iniciativa privada e governo, apenas são conseqüência natural da situação da cidade enquanto megacentro econômico-financeiro e de produção industrial, pólo de atração para viagens de negócios, feiras, eventos e congressos.

Para esse tipo de turismo a cidade tem infra-estrutura hoteleira de Primeiro Mundo e em processo de expansão, com preços também comparáveis aos grandes centros internacionais.

Já em relação aos espaços de feiras, congressos e eventos, a situação é quase caótica, com poucos locais e qualidade de instalações, localização e suporte de serviços deficientes.

São escassos os agentes receptivos e prestadores de serviços que facilitam a vida do turista, tanto nos eventos quanto nos horários livres, aliando-se a isso a ausência de uma programação cultural e de entretenimento agregada aos pacotes de negócios ou, quando existentes, com conteúdo e objetivos no mínimo duvidosos.

A cidade não conta com uma proposta abrangente que privilegie o planejamento integrado entre iniciativa privada, autoridades ligadas ao turismo e produtores culturais como forma de produzir um calendário harmônico, melhorar a infra-estrutura de serviços e qualificar os pacotes com programas de visitas a museus, teatros, shows musicais, exposições de artes, parques e logradouros de interesse histórico e cultural, divulgando-os com agressividade através das diversas mídias.

Em relação ao turismo convencional, que não vive do autofomento, a situação da cidade é mais problemática. A mesma grandiosidade de São Paulo que atrai e fascina age como fator inibidor de consumo a grande parte do público potencial. Os fatores positivos, como a maior concentração de teatros, cinemas, centros culturais, parques de lazer e temáticos, bares, boates, bibliotecas e shoppings centers, curvam-se à inexistência de uma divulgação planejada e dirigida aos segmentos indicados, à escassez de agentes receptivos capacitados, aos calendários com eventos concentrados de forma conflitante em determinados meses, com vazios absurdos em outros.

Mais uma vez nota-se que as parcerias não funcionam. O poder público municipal não age facilitando a circulação, acessos e estacionamento, garantindo segurança, limpeza e manutenção de espaços públicos; o Estado não atua como fomentador do turismo no papel de fator de desenvolvimento, não só econômico mas também sócio-cultural; a iniciativa privada não opera na redução dos custos de hospedagem, alimentação e serviços; e os agentes de turismo e os produtores culturais não desenvolvem produtos diferenciados, atraentes pelo seus conteúdos e custos acessíveis a um número maior de interessados.

As deficiências estruturais da cidade dificultam, mas não a inviabilizam como pólo turístico. O problema é muito mais a ausência de vontade política, ação e planejamento integrados, sistematização de realizações e divulgação ampla e agressiva.

ENTREVISTAS

ENSAIOS

FICÇÕES

entrevistas
processo

antunes filho, aldir blanc, eugênia anna

ensaios
brasil

qualidade de vida, políticas culturais, lazer e tempo livre, saúde pública, raízes do brasil, emprego, educação política

SESC SÃO PAULO

LAZULI editora

ficções
urbanas

carlos heitor cony, david oscar vaz, dionisio jacob, flávio moreira da costa, joel silveira, josé roberto torero, lourenço diaféria, marcos santarrita, marçal aquino, mora fuentes, rubens figueiredo, sérgio sant'anna

SESC SÃO PAULO

LAZULI editora

CONHEÇA OS OUTROS NÚMEROS DA COLEÇÃO E

COLEÇÃO E

Uma co-edição Lazuli e Sesc São Paulo

CONSELHO REGIONAL DO SESC DE SÃO PAULO

Presidente: ABRAM SZAJMAN
Membros Efetivos: CARLOS EDUARDO GABAS, CÍCERO BUENO BRANDÃO JÚNIOR, EDUARDO VAMPRÉ DO NASCIMENTO, ELÁDIO ARROYO MARTINS, FERNANDO SORANZ, HEIGUIBERTO GUIBA DELLA BELLA NAVARRO, IVO DALL'ACQUA JÚNIOR, JOSÉ MARIA DE FARIA, JOSÉ SANTINO DE LIRA FILHO, LUCIANO FIGLIOLIA, MANUEL HENRIQUE FARIAS RAMOS, ORLANDO RODRIGUES, PAULO FERNANDES LUCÂNIA, VALDIR APARECIDO DOS SANTOS, WALACE GARROUX SAMPAIO
Suplentes: AMADEU CASTANHEIRA, ARNALDO JOSÉ PIERALINI, HENRIQUE PAULO MARQUESIN, JAIR TOLEDO, JOÃO HERRERA MARTINS, JORGE SARHAN SALOMÃO, JOSÉ MARIA SAES ROSA, MARIZA MEDEIROS SCARANCI, MAURO JOSÉ CORREIA, MAURO ZUKERMAN, RAFIK HUSSEIN SAAB, VAGNER JORGE.
Representantes no Conselho Nacional. Efetivos: ABRAM SZAJMAN, EUCLIDES CARLI, RAUL COCITO.
Suplentes: ALDO MINCHILLO, MANUEL JOSÉ VIEIRA DE MORAES.
Diretor do Departamento Regional: DANILO SANTOS DE MIRANDA.

Impressão e Acabamento
GEOGRÁFICA editora